第 4 章　水面效果图表现（一）

U0200153

精　雕　细　琢　◆　完　美　表　现

第 4 章　水面效果图表现（二）

第 5 章　彩色户型图

第 6 章　建筑立面图

花园住宅小区景观设计

总平面图

第 7 章 彩色总平面图（一）

天池湖月亮岛详细规划
—— 总平面图 1:500

第 8 章　客厅颜色调整

第 8 章　为休闲室添加配景

第 8 章　别墅客厅后期处理

第 8 章　酒店大堂后期处理

第 8 章　餐厅包间后期处理

第 9 章　江南水景别墅

第 9 章　私人别墅效果图

第 9 章　住宅小区黄昏效果图

第 9 章　现代花架效果图

第 10 章　遗址景观鸟瞰效果图

精　雕　细　琢　◆　完　美　表　现

第 11 章　夜景效果图

第 11 章　一叶轻舟雪景效果图

第 11 章　江南民居雨景效果图

精雕细琢——
中文版 PhotoshopCS6 建筑表现技法

陈志民　等编著

机械工业出版社

本书详细讲解了使用最新的 Adobe Photoshop CS6 中文版进行建筑表现的方法和技巧，包括彩色户型图、彩色总平面图、建筑立面图、室内和室外透视建筑效果图的制作方法和相关技巧。

全书共分为三大篇，上篇为基础知识篇，介绍了 Photoshop CS6 的基础知识和基本工具的用法；中篇为进阶篇，主要学习后期处理的一些基本原理、原则和建筑相关素材处理技巧，以最简单的步骤教您完成单个元素的处理；下篇为实战篇，以实际工程案例，详细讲解了彩色户型图、彩色总平面图、建筑立面图、室内和室外透视建筑效果图的制作方法和相关技巧。

本书技术新颖、内容实用，是长期耕耘在效果图表现领域一线工作人员的经验和智慧的结晶，所有案例均为实际工程项目，涵盖别墅、小区、园林、公建、夜景、雪景、雨景等常见建筑类型和氛围表现，具有很强的可读性和参考价值，也反映了当前效果图表现行业的发展趋势。

本书配套 DVD 光盘共 2 张，内容异常丰富，除提供了全书所有实例的素材和最终 PSD 文件外，还提供了 13 个小时的高清语音视频教学，以及大量人物、植物、汽车、建筑、喷泉、水面、天空等后期处理的相关素材，老师手把手的课堂讲解，可大大提高学习的效率和兴趣，附赠素材可即调即用，真正物超所值。

本书可作为高等学校建筑、园林等相关专业的教材，也适合相关设计从业人员和图像爱好者阅读。更适合在效果图制作方面有一定基础、想进一步掌握效果图后期处理技巧，欲跻身于效果图后期处理高手之列的读者作为自学教程或参考资料。

图书在版编目（CIP）数据

精雕细琢：中文版 Photoshop CS6 建筑表现技法/陈志民等编著. —2 版. —北京：机械工业出版社，（2020.1 重印）

ISBN 978-7-111-40370-8

Ⅰ．①精… Ⅱ．①陈 Ⅲ．①建筑设计—计算机辅助设计—图像处理软件 Ⅳ．①TU201.4

中国版本图书馆 CIP 数据核字(2012)第 269204 号

机械工业出版社（北京市百万庄大街 22 号 邮政编码 100037）
责任编辑：曲彩云
印 刷：北京兰星球彩色印刷有限公司
2020 年 1 月第 2 版第 10 次印刷
184mm×260mm·22.5 印张·8 插页·580 千字
28001－31000 册
标准书号：ISBN 978-7-111-40370-8
　　　　　　ISBN 978-7-89433-717-7（光盘）
定价：69.00 元（含 2DVD）

凡购本书，如有缺页、倒页、脱页，由本社发行部调换

社服务中心 ：(010) 88361066 门户网：http://www.cmpbook.com
销 售 一 部：(010) 68326294 教材网：http://www.cmpedu.com
销 售 二 部：(010) 88379649
读者购书热线：(010) 88379203 封面无防伪标均为盗版

前　言

随着计算机技术的不断发展，所涉及的领域越来越广泛，传统的建筑表现领域也不例外。应用计算机作为处理平台，对建筑渲染图形进行后期处理与表现，不仅处理速度快，修改方便，便于输出和保存，而且可以结合艺术的手法，使建筑美感得到更进一步的表达和提升，将建筑设计者的设计初衷表现得淋漓尽致。

作为 Adobe 公司最新推出的优秀图形图像处理软件，Photoshop CS6 不但功能强大，而且可操作性好，通过与 AutoCAD 和 3ds max 紧密配合，可以制作出各种建筑图像，模拟真实场景进行效果表现，倍受建筑设计师们青睐。

本书注重理论和实践相结合，并非长篇理论的堆砌，而是通过大量典型的实例，步骤详尽地介绍各个建筑效果图的制作过程，在学习的同时，积累宝贵的经验。本书与其他书籍相比，具有以下的特点：

·案例齐全　内容新颖·

全书包含了将近 50 个实例，涵盖了后期处理中的大部分案例类型。

·技术专业　实例商业·

本书中的案例全部为实际工作中的商业作品，处理和制作手法也完全为商业工作模式，具有技术实用、效果专业的特点，为读者提供了全面的商业设计范本，完全可以应用到实际工作中去。

·讲解深入　系统全面·

本书是一本案例教程，穿插技术分析和理论讲解，深入阐述了 Photoshop 进行建筑表现的各种技术和方法，分门别类的对后期处理中常出现的建筑效果图表现类型的制作方法进行了实例讲解。

·步骤详尽　通俗易懂·

本书以手把手的方式详尽介绍了各种建筑图像的表现技术，即使是 Photoshop 初学者也可以一步一步地制作出相应的效果，特别适合自学使用。

·资源丰富　物超所值·

为了方便读者学习，本书配备了 2 张 DVD 光盘，收录了书中所有实例的高分辨率素材和最终效果 PSD 文件。此外，本书还提供了大量后期处理素材，可以快速创建自己的素材库。

本书由陈志民、陈运炳、申玉秀、李红萍、李红艺、李红术、陈云香、陈文香、陈军云、彭斌全、林小群、刘清平、钟睦、江凡、张洁、刘里锋、朱海涛、廖博、喻文明、易盛、陈晶、张绍华、黄柯、何凯、黄华、陈文轶、杨少波、杨芳、刘有良等编写。

由于作者水平有限，书中错误、疏漏之处在所难免。在感谢您选择本书的同时，也希望您能够把对本书的意见和建议告诉我们。

售后服务 E-mail:lushanbook@gmail.com

编者

目　录

第2篇　进阶篇

第3篇 实 战 篇

第1篇 基础篇

Photoshop CS6 建筑表现基础

　　作为专业的图像处理软件，Photoshop 一直是建筑表现的主力工具之一。无论是建筑平面图、立面图制作，还是透视效果图后期处理，都可以看到 Photoshop 的身影。Photoshop 图像处理功能的强大，是许多同类软件所不能媲美的，目前已经成为建筑表现专业人士之首选。

　　本章简单介绍了 Photoshop CS6 的工作界面、常用文件格式，以及它在建筑表现中的应用，使读者对 Photoshop 有一个大概的了解和认识

第 1 章

1.1 Photoshop CS6 界面简介

在学习任何一个软件之前，对其工作环境进行了解都是非常有必要的，这对于我们在后面能否顺利地进行工作，具有极其重要的作用。本节将对 Photoshop CS6 的工作环境进行讲解，同时还会介绍在新版本中新增的界面功能以及一些常规的操作。

1.1.1 Photoshop CS6 工作界面

运行 Photoshop CS6 软件，选择【文件】|【打开】命令，打开一张图片后，就可以看到类似于如图 1-1 所示的工作界面。

图 1-1　Photoshop CS6 工作界面

从图 1-1 可以看出，Photoshop 工作界面由菜单栏、工具选项栏、图像窗口、工具箱、面板区等几个部分组成。

下面简单讲解界面的各个构成要素及其功能。

1．菜单栏

Photoshop CS6 的菜单栏包含了【文件】、【编辑】、【图像】、【图层】、【选择】、【滤镜】、【分析】、【3D】、【视图】、【窗口】和【帮助】共 11 个菜单，通过运用这些命令，可以完成 Photoshop 中的大部分操作。

2．工具箱

工具箱位于工作界面的左侧，是 Photoshop CS6 工作界面重要的组成部分，工具箱中共有上百个工具可供选择，使用这些工具可以完成绘制、编辑、观察、测量等操作。

3．工具选项栏

每当在工具箱中选择了一个工具后，工具选项栏就会显示出相应的工具选项，以便对当前所选工具的参数进行设置。工具选项栏显示的内容随选取工具的不同而不同。

工具选项栏是工具箱中各个工具功能的延伸与扩展，通过适当设置工具选项栏中的选项，不仅可以有效增加工具在使用中的灵活性，而且能够提高工作效率。

4．面板区

面板区是 Photoshop 的特色界面之一，共有 21 块之多，默认位于工作界面的右侧。它们可以自由地拆分、组合和移动。通过面板，可以对 Photoshop 图像的图层、通道、路径、历史记录、动作等进行操作和控制。

5．状态栏

状态栏位于界面的底部，用于显示用户鼠标指针的位置以及与用户所选择的元素有关的提示信息，如当前文件的显示比例、文件大小等内容。

6．图像窗口

图像窗口是 Photoshop 显示、绘制和编辑图像的主要操作区域。它是一个标准的 Windows 窗口，可以对其进行移动、调整大小、最大化、最小化和关闭等操作。图像窗口的标题栏中，除了显示有当前图像文档的名称外，还显示有图像的显示比例、色彩模式等信息。

图像窗口下方是状态栏，用于显示当前图像的显示比例、文档大小等信息。

 Photoshop CS6 界面有 4 种颜色方案，选择【编辑】|【首选项】|【界面】命令，在打开的"首选项"对话框中可以进行选择。此外，也可以使用快捷键在这 4 种颜色方案中切换。按下 Alt+F1 快捷键，可以将工作界面调暗（切换至颜色较深的方案）；按下 Alt+F2 快捷键，可以将工作界面调亮（切换至颜色较浅的方案）。

1.1.2 了解工具箱

工具箱是 Photoshop 处理图像的"兵器库"，包括选择、绘图、编辑、文字等共 40 多种工具。随着 Photoshop 版本的不断升级，工具的种类与数量在不断增加，同时更加人性化，使我们的操作更加方便、快捷。

1．查看工具

要使用某种工具，直接单击工具箱中该工具图标，将其激活即可。通过工具图标，可以快速识别工具种类。例如画笔工具图标是画笔形状【🖌】，橡皮擦工具是一块橡皮擦的形状【🧽】。

图 1-2　工具提示

Photoshop 具有自动提示功能，当不知道某个工具的含义和作用时，将光标放置于该工具图标上 2 秒钟左右，屏幕上即会出现该工具名称及操作快捷键的提示信息，如图 1-2 所示。

2．显示隐藏的工具

工具箱中的许多工具并没有直接显示出来，而是以成组的形式隐藏在右下角带小三角形的工具按钮中。按下此类按钮保持 1 秒钟左右，即可显示该组所有工具。此外，用户也可以使用快捷键来快速选择所需的工具，如移动工具【➤➕】的快捷键为 V，按下 V 键即可选择移动工具。按 Shift + 工具组快捷键，可以在工具组各工具之间快速切换，例如按 Shift + G 快捷键，可以在填充工具【🪣】和渐变工具【▨】之间切换。

3．切换工具箱的显示状态

Photoshop CS6 工具箱有单列和双列两种显示模式，如图 1-3 所示。单击工具箱顶端的 区域，可以在单列和双列两种显示模式之间切换。当使用单列显示模式时，可以有效节省屏幕空间，使图像的显示区域更大，以方便用户的操作。

单列显示模式

双列显示模式

图 1-3　工具箱单列和双列显示模式

1.1.3　了解工具选项栏

工具选项栏用来设置工具的选项，选择不同的工具时，工具选项栏中的选项内容也会随之改变，如图 1-4 所示为选择魔棒工具【 】时选项栏显示的内容，如图 1-5 所示为选择吸管工具【 】时选项显示的内容。

图 1-4　魔棒工具选项栏　　　　　　　　　　　图 1-5　吸管工具选项栏

1．显示/隐藏工具选项栏

执行【窗口】|【选项】命令，可以显示或隐藏工具选项栏。

2．移动工具选项栏

单击并拖动工具选项栏最左侧的 图标，可以移动它的位置，如图 1-6 所示。

图 1-6　高速工具选项栏位置

1.1.4　了解菜单栏

菜单栏包含 11 个菜单，分门别类地放置了 Photoshop 的大部分操作命令，这些命令往往让初学者感到眼花缭乱，但实际上我们只要了解每一个菜单的特点，就能够掌握这些菜单命令的用法。

例如，【文件】菜单是一个集成了文件操作命令的菜单，所有对文件进行的操作命令，例如【新建】、【页面设置】等命令，都可以在该菜单中找到并执行。

又如，【编辑】菜单是一个集成了编辑类操作的命令的菜单，所以如果要进行【复制】、【剪切】、【粘贴】、【选择性粘贴】等操作，则可以在此菜单下选择相应的命令。

1．菜单分类

Photoshop CS5 的 11 个菜单分别如下：

> ➢ 集成了文件操作命令的【文件】菜单。

> ➢ 集成了在图像处理过程中使用较为频繁的编辑类操作命令的【编辑】菜单。

> ➢ 集成了对图像大小、画布及图像颜色操作命令的【图像】菜单。

> ➢ 集成了各类图层操作命令的【图层】菜单。

> ➢ 集成了有关选区操作命令的【选择】菜单。

> ➢ 集成了大量滤镜命令的【滤镜】菜单。

> ➢ 集成了用于测量图像、数据分析的命令的【分析】菜单。

> ➢ 集成了对于 3D 格式文件进行编辑的 3D 菜单。

> ➢ 集成了对当前操作图像的视图进行操作命令的【视图】菜单。

> ➢ 集成了显示或隐藏不同面板命令窗口的【窗口】菜单。

> ➢ 集成了各类帮助信息的【帮助】菜单。

掌握了菜单的不同功能和作用后，在查找命令时就不会茫然不知所措，能够快速找到所需的命令。需要使用某个命令时，首先单击相应的菜单名称，然后从下拉菜单列表中选择相应的命令即可。

 一些常用的菜单命令右侧显示有该命令的快捷键，如【曲线】命令的快捷键为 Ctrl + M，按下 Ctrl + M 快捷键，可以快速打开【曲线】对话框。有意识地识记一些常用命令的快捷键，有利于加快操作速度、提高工作效率。

2. 菜单命令的不同状态

了解菜单命令的状态，对于正确地使用 Photoshop 是非常重要的，因为不同的命令在不同的状态，其应用方法不尽相同。

❑　子菜单命令

在 Photoshop 中，某些命令从属于一个大的菜单项，且本身又具有多种变化或操作方式，为了使菜单组织更加有效，Photoshop 使用了子菜单模式，如图 1-7 所示。此类菜单命令的共同点是在其右侧有一个黑色的小三角形。

图 1-7　具有子菜单的菜单

❑　不可执行的菜单命令

许多菜单命令有一定的运行条件，当命令不能执行时，菜单命令为灰色，如图 1-7 所示。例如对 CMYK 模式的图像而言，许多滤镜命令不能执行，因此要执行这些命令，读者必须清楚这些命令的运行条件。

❑　带有对话框的菜单命令

在 Photoshop 中，多数菜单命令被执行后都会弹出对话框，只有通过正确的设置这些对话框，才可以得到需要的效果，此类菜单的共同点是其名称后带有省略号，如图 1-7 所示。

3. 按工作类型显示菜单

右击【基本功能】按钮，在弹出的列表框中选择【CS6 新增功能】选项，这样具备新功能的菜单会突出显示，如图 1-8 所示，其中有蓝底显示的是具有新增功能的菜单命令。

其中还有 "绘图"、"校样"、"排版" 等多个工作类型，此功能专门针对不同的设计者，便其能够更快捷、方便地选择最常用的菜单命令。

1.1.5 了解面板

面板作为 Photoshop 必不可少的组成部分，增强了 Photoshop 的功能并使其操作更为灵活多样。大多数操作高手能够在很少使用菜单命令的情况下完成大量操作任务，就是因为频繁使用了面板的强大功能。

1. 选择面板

如图 1-9 所示为 Photoshop CS6 默认面板。要打开其他的面板，可选择【窗口】菜单命令，在弹出的菜单中选择相应的面板选项即可，如图 1-10 所示。

图 1-8　突出显示新增功能　　　　　　　　　　图 1-9　默认面板

2. 展开和折叠面板

在展开的面板右上角的三角按钮▶▶上单击，可以折叠面板。当面板处于折叠状态时，会显示为图标状态，如图 1-11 所示。当面板处于折叠状态时，单击面板组中一个面板的缩览图，可以展开该面板，如图 1-12 所示。展开面板后，再次单击缩览图，可以将其设置为折叠状态。

图 1-10　"窗口" 菜单　　　　　图 1-11　默认面板　　　　　图 1-12　展开面板

3. 拉伸面板

将光标移动至面板底部或左右边缘处,当光标呈↕或↔形状时,单击鼠标并上下或左右拖动鼠标,可以拉伸面板,如图 1-13 所示。

图 1-13　拉伸面板

4. 分离与合并面板

将光标移动至面板的名称上,单击并拖至窗口的空白处,可以将面板从面板组中分离出来,使之成为浮动面板,如图 1-14 所示。

图 1-14　分离面板

将光标移至面板的名称上,单击并将其拖至其他面板名称的位置,释放鼠标左键,可以将该面板放置在目标面板中,如图 1-15 所示。

图 1-15　合并面板

5. 链接面板

将光标移至面板名称上,单击鼠标并将其拖至另一个面板下,当两个面板的连接处显示为蓝色时,释放鼠标可以将两个面板链接，如图 1-16 所示。面板链接后，当拖动上方的面板时，下面的链接面板也会相应地移动。

6. 最小化/关闭面板

单击面板上的灰色部分，如图 1-17 所示，可以最小化面板，再次单击，可以还原；单击面板右上角的关闭按钮，可以关闭面板。运用【窗口】菜单的命令也可以显示或关闭面板。

图 1-16　链接面板　　　　　　　　　　　　　　图 1-17　最小化面板

7. 打开面板菜单

单击面板右上角的 按钮，可以打开面板菜单。面板菜单中包含了当前面板的各种命令。例如，执行【导航器】面板菜单中的【面板选项】命令，可以打开"面板选项"对话框，如图 1-18 所示。

图 1-18　打开面板菜单　　　　　　　　　　　图 1-19　面板右键菜单

提示　在任一面板上方单击鼠标右键，可以打开如图 1-19 所示的快捷菜单，选择【关闭】命令，可以关闭当前的面板；选择【关闭选项卡组】命令，可以关闭当前的面板群组；选择【折叠为图标】命令，可以将当前面板组最小化为图标；选择【自动折叠图标面板】命令，可以自动将展开的面板最小化。

1.1.6 了解状态栏

状态栏位于图像窗口的底部，它可以显示图像的视图比例、文档的大小、当前使用的工具等信息。单击状态栏中的 按钮，可以打开如图 1-20 所示的菜单，在菜单中可以选择状态栏中显示的内容。

状态栏快捷菜单中各选项含义如下：

➢ Version Cue：显示文档的 Version Cue 工作组状态。只在启用了 Version Cue 时，该选项才可用。

> ➢ 文档大小：显示图像中数据量的信息。选择该选项后，状态栏中会出现两组数字，左边的数字表示拼合图层并存储的文件后的大小，右边的数字表示没有拼合图层和通道的近似大小。

> ➢ 文档配置文件：显示图像所使用的颜色配置文件的名称。

> ➢ 文档尺寸：显示图像的尺寸。

> ➢ 测量比例：显示文档的比例。

> ➢ 暂存盘大小：显示系统内存和 Photoshop 暂存盘的信息。选择该选项后，状态栏中会出现两组数字，左边的数字表示为当前正在处理的图像分配的内存量，右边的数字表示可以使用的全部内存容量。如果左边的数字大于右边的数字，Photoshop 将启用暂存盘作为虚拟内存。

> ➢ 效率：显示执行操作实际花费时间的百分比。当效率为 100% 时，表示当前处理的图像在内存中生成，如果该值低于 100%，则表示 Photoshop 正在使用暂存盘，操作速度也会变慢。

> ➢ 计时：显示完成上一次操作所用的时间。

> ➢ 当前工具：显示当前使用的工具名称。

> ➢ 32 位曝光：用于调整预览图像，以便在计算机显示器上查看 32 位/通道高动态范围（HDR）图像的选项，只有文档窗口显示 HDR 图像时该选项才可以使用。

 技巧　在状态栏上单击，可以查看图像信息，如图 1-21 所示。

宽度:1024 像素
高度:768 像素
通道:3(RGB 颜色，8bpc)
分辨率:72 像素/英寸

图 1-20　状态栏快捷菜单　　　　　　　　　　图 1-21　图像信息

1.1.7 常用图像格式

在 Photoshop 中进行建筑图像合成时，需要导入各种文件格式的图片素材。因此，熟悉一些常用图像格式特点及其适用范围，就显得尤为必要，下面介绍这方面的相关知识。

1. PSD 格式

PSD 格式是 Adobe Photoshop 软件专用的格式，也是新建和保存图像文件默认的格式。PSD 格式是唯一可支持所有图像模式的格式，并且可以存储在 Photoshop 中建立的所有的图层、通道、参考线、注释(历史记录除外)等信息。因此，对于没有编辑完成，下次需要继续编辑的文件最好保存为 PSD 格式。

当然，PSD 格式也有其缺点，由于保存的信息较多，相比其他格式的图像文件而言，PSD 保存时所占用的磁盘空间要大得多。另外，由于 PSD 是 Photoshop 的专用格式，许多软件（特别是排版软件）都不提供直接支持，因此，在图像编辑完成之后，应将图像转换为兼容性好并且占用磁盘空间小的图像格式，如 JPG、TIFF 格式。

2．BMP 格式

BMP 是 Windows 平台标准的位图格式，使用非常广泛，一般的软件都提供了非常好的支持。BMP 格式支持 RGB、索引颜色、灰度和位图颜色模式，但不支持 Alpha 通道。

3．GIF 格式

GIF 格式也是一种非常通用的图像格式，由于最多只能保存 256 种颜色，且使用 LZW 压缩方式压缩文件，因此 GIF 格式保存的文件非常轻便，不会占用太多的磁盘空间，非常适合 Internet 上的图片传输。GIF 格式还可以保存动画。

4．JPEG 图像格式

JPEG 是一种高压缩比的、有损压缩真彩色图像文件格式，其最大特点是文件比较小，可以进行高倍率的压缩，因而在注重文件大小的领域应用广泛，比如网络上的绝大部分要求高颜色深度的图像都是使用 JPEG 格式。JPEG 格式是压缩率最高的图像格式之一，这是由于 JPEG 格式在压缩保存的过程中会以失真最小的方式丢掉一些肉眼不易察觉的数据，因此保存后的图像与原图会有所差别，没有原图像的质量好，不宜在印刷、出版等高要求的场合下使用。

5．PDF 格式

Adobe PDF 是 Adobe 公司开发的一种跨平台的通用文件格式，能够保存任何源文档的字体、格式、颜色和图形，且不管创建该文档所使用的应用程序和平台，Adobe Illustrator、Adobe PageMaker 和 Adobe Photoshop 程序都可直接将文件存储为 PDF 格式。Adobe PDF 文件为压缩文件，任何人都可以通过免费的 Acrobat Reader 程序进行共享、查看、导航和打印。

PDF 格式除支持 RGB、Lab、CMYK、索引颜色、灰度和位图颜色模式外，还支持通道、图层等数据信息。

Photoshop 可直接打开 PDF 格式的文件，并可将其进行光栅处理，变成像素信息。对于多页 PDF 文件，可在打开 PDF 文件对话框中设定打开的是第几页文件。PDF 文件被 Photoshop 打开后便成为一个图像文件，可将其存储为 PSD 格式。

6．PNG 图像格式

PNG 是 Portable Network Graphics（轻便网络图像）的缩写，是 Netscape 公司专为互联网开发的网络图像格式，不同于 GIF 格式图像的是，它可以保存 24 位的真彩色图像，并且支持透明背景和消除锯齿边缘的功能，可以在不失真的情况下压缩保存图像，但由于并不是所有的浏览器都支持 PNG 格式，所以该格式使用范围没有 GIF 和 JPEG 广泛。

7．Photoshop EPS

EPS 是"Encapsulated PostScript"首字母的缩写。EPS 可以说是一种通用的行业标准格式，可同时包含像素信息和矢量信息。除了多通道模式的图像之外，其他模式都可存储为 EPS 格式，但是它不支持 Alpha

通道。EPS 格式可以支持剪贴路径，在排版软件中可以产生镂空或蒙版效果。

8. TGA 图像格式

一种通用性很强的真彩色图像文件格式，有 16 位、24 位、32 位等多种颜色深度可供选择，它可以带有 8 位的 Alpha 通道，并且可以进行无损压缩处理。

9. TIFF 图像格式

TIFF 格式是印刷行业标准的图像格式，通用性很强，几乎所有的图像处理软件和排版软件都提供了很好的支持，因此广泛用于程序之间和计算机平台之间进行图像数据交换。

TIFF 格式支持 RGB、CMYK、Lab、索引颜色、位图和灰度颜色模式，并且它在 RGB、CMYK 和灰度三种颜色模式中还支持使用通道、图层和路径，可以将图像中路径以外的部分在置入到排版软件（如 PageMaker）中时变为透明。

1.2 Photoshop 在建筑表现中的应用

总结 Photoshop 在建筑效果图表现中的应用，大致可以分为以下 5 个方面：彩色户型图制作、彩色总平面制作、建筑立面图制作、室内效果图制作和室外效果图制作。

1.2.1 室内彩色户型图

由于近几年房地产业空前的火爆，新的居住方式与新的户型层出不穷，这一切都需要通过户型图来向人们展示。如图 1-22 所示为 AutoCAD 绘制的户型线框图，它不但表现出了整套户型的结构，还标示了各房间的功能和家具的摆放位置，缺点是过于抽象，不够直观。

图 1-22 为使用 Photoshop 在图 1-23 的基础上进行加工处理的结果，不同功能的房间使用不同的图案进行填充，并添加了许多具有三维效果的家具模块，如床、沙发、椅子、盆景、桌子、计算机等，由于它是形象、生动的彩色图像，因而整个图像效果逼真，极具视觉冲击力。

本书的第 5 章将详细讲解彩色户型图的制作方法。

图 1-22 AutoCAD 绘制的户型图

图 1-23 Photoshop 制作的彩色户型图

1.2.2 彩色总平面图

所谓总平面图，是指将新建工程四周一定范围内的新建、拟建、原有和拆除的建筑物、构筑物连同其周围的地形、地物状况用水平投影方法和相应的图例所画出的图样，如图 1-24 所示为某小区的总平面图。

图 1-24 AutoCAD 打印输出线框图

总平面图一般使用 AutoCAD 进行绘制，由于使用了大量的建筑专业图例符号，非建筑专业人员一般很难看懂。而如果在 Photoshop 中进行填色，添加树、水等图形模块，使深奥、晦涩的总平面图变成形象、生动、浅显易懂的彩色图像，则可以大大方便设计师和客户之间的交流，如图 1-25 所示。

图 1-25 在 Photoshop 中进行加工处理

这样在整个工程开工之前，毫无建筑理论知识的购房者，就可以了解整个住宅小区的概貌和规划，并从中挑选自己中意的位置和户型。

1.2.3 建筑立面图

与总平面图不同,建筑立面图主要用于表现一幢或某几幢建筑的正面、背面或侧面的建筑结构和效果。传统的建筑立面图都是以单一的颜色填充为主要手段,今天的建筑设计师们已经不再满足那种简单生硬的表达方式了。

与总平面制作类似,制作建筑立面图首先在 AutoCAD 中绘制出立面线框图,然后打印输出得到如图 1-26 所示的二维图像,接着使用 Photoshop 填充颜色、砖墙图案并制作投影,最后添加人物、树、天空、草地、汽车等各类配景,最终效果如图 1-27 所示。

建筑立面图可以生动、形象地表现建筑的立面效果,其特点是制作快速、效果逼真,而不必像建筑透视效果图一样必须经过 3ds max 建模、材质编辑、设置灯光、渲染输出等一系列烦琐的操作步骤和过程。

图 1-26　AutoCAD 绘制的建筑立面线框图

图 1-27　Photoshop 处理后的建筑立面图

1.2.4 建筑透视效果图

建筑透视效果图也称为电脑建筑效果图,这是当前最常用的建筑表现方式之一。建筑效果图分为两种,一种是表现建筑外观的室外效果图,如图 1-28 所示,另一种是表现室内装饰装潢效果的室内效果图,如图 1-29 所示。

图 1-28　表现建筑外观的室外效果图

制作建筑透视效果图时,需要 AutoCAD + 3ds max + Photoshop 几个软件的配合使用。

AutoCAD 精于二维绘图,对二维图形的创建、修改、编辑较 3ds max 更为简单直接。因而可以使用

AutoCAD 创建精确的二维图形，再输入到 3ds Max 中进行编辑修改，从而快速、准确地创建三维模型。

　　3ds Max 是近年来出现在计算机平台上最优秀的三维动画制作软件，具有强大的三维建模、材质编辑和动画制作功能。在创建所需的建筑模型后，可以渲染得到任意角度的建筑透视效果图。

图 1-29　表现室内装潢效果的室内效果图

　　Photoshop 主要负责建筑效果图的后期处理。众所周知，任何一幢建筑都不是孤立存在的，但在处理环境氛围与配景时 3ds Max 就显得有些力不从心，而这恰恰是 Photoshop 等平面处理软件的强项。对建筑图像进行颜色和色调上的调整，加入天空、植物、人物等配景，最终得到一幅生动逼真的建筑效果图。

1.3 Photoshop 的优化

　　Photoshop 是一个"高消耗"的大型软件，同时一般的建筑图像分辨率都非常高，要想使 Photoshop 能够高速、稳定地运行，必须掌握一些优化的技巧。

1.3.1 字体与插件优化

　　在进行平面设计时，会需要使用各种不同的字体，按照字型的不同，有宋体、黑体、楷体、隶书等，按照字体厂商的不同，又有方正、汉仪、文鼎、长城等字体。

　　由于 Photoshop 在启动时需要载入字体列表，并生成预览图，如果系统所安装的字体较多，启动速度就会大大减缓，启动之后也会占用更多的内存。

　　因此，要想提高 Photoshop 的运行效率，对于无用或较少使用的字体应及时删除。

　　与字体一样，安装过多的第三方插件，也会大大降低 Photoshop 的运行效率。对于不常用的第三方插件，可以将其移动至其他目录，在需要的时候再将其移回。

1.3.2 暂存盘优化

　　暂存盘和虚拟内存相似，它们之间的主要区别在于：暂存盘完全受 Photoshop 的控制而不是受操作系统的控制。在有些情况下，更大的暂存盘是必须的，当 Photoshop 用完内存时，它会使用暂存盘作为虚拟内存；当 Photoshop 处于非工作状态时，它会将内存中所有的内容复制到暂存盘上。

　　另外，Photoshop 必须保留许多图像数据，如还原操作、历史信息和剪贴板数据等。因为 Photoshop 是使用暂存盘作为另外的内存，所以应正确理解暂存盘对于 Photoshop 的重要性。

选择【编辑】|【首选项】|【性能】命令，在弹出的对话框中可以设置多个磁盘作为暂存盘，如图 1-30 所示。

图 1-30　Photoshop 性能选项设置

 注意　如果暂存盘的可用空间不够，Photoshop 就无法处理、打开图像，因此应设置剩余空间较大的磁盘作为暂存盘。

1.3.3 后台保存和自动保存

Photoshop CS6 新增了自动恢复功能，可以避免由于出现意外情况而丢失文件的编辑成果。

选择【编辑】|【首选项】|【文件处理】命令，在打开对话框的"文件存储选项"参数组中勾选【后台存储】和【自动存储恢复信息时间间隔】复选框，并设置自动存储的时间存储，如图 1-31 所示，系统会每隔一段时间便会存储当前的工作内容，将其备份到名称为"PSAutoRecover"的文件夹中。

当文件正常关闭时，系统会自动删除备份文件；如果文件非正常关闭，则重新运行 Photoshop 时会自动打开并恢复该文件。

图 1-31　文件处理界面

 注意　自动恢复选项在后台工作，因此，其存储编辑内容时不会影响我们的正常工作。

Photoshop CS6 常用工具和命令

在使用 Photoshop CS6 进行建筑表现的过程中，会使用到各种各样的工具，如选择工具、画笔工具、填充工具、文字工具、填充工具、图像修复工具等等，接近 80 余种。还要结合很多常用命令，如调整命令组中的【色阶】【曲线】【色彩平衡】【色相/饱和度】等命令。本章将向读者介绍在建筑表现中常用到的工具和命令的使用方法和应用技术。

第 2 章

2.1 图像选择工具

　　在制作建筑效果图时，需要添加各式各样的配景。尽管现在市面上专业的配景素材图库很多，但仍然远远不能满足我们的需求。这就要求我们有就地取材的本领，找到某张含有所需配景的图片后，能够将其从原始图片中"挖"出，去掉不需要的部分，而留下有用的人物或花草树木配景，以便与建筑图像进行合成，操作流程如图 2-1 所示。

①风景图片

②抠取树木

③打开建筑场景

④添加树木图像

⑤调整大小和位置

图 2-1　配景合成流程

　　从图片中"挖"配景的过程，实际也就是建立选区的过程，这就会使用到 Photoshop CS6 的各式各样的选择工具，读者应灵活选用最简便、快捷的工具方法进行对象的选取。

2.1.1 选择工具的分类

　　Photoshop CS6 建立选区的方法非常丰富和灵活，读者可根据选区的形状和特点来选择相应的工具。根据各种选择工具的选择原理，大致可分为以下几类：

> ➢　圈地式选择工具
> ➢　颜色选择工具
> ➢　路径选择工具

　　如图 2-2 所示的建筑结构简单、轮廓清晰，其边界是由多条直线组成的多边形，因此适合使用圈地式选择工具进行选取。而图 2-3 所示的树木图像边缘复杂且不规则，但天空背景颜色单一，因此适合使用颜色选择工具进行选择。

　　如图 2-4 所示的汽车图像背景颜色复杂，但边缘由圆滑的曲线组成，比较适合使用路径工具进行选取。

图 2-2　多边形建筑　　　　　　　图 2-3　单色背景树木　　　　　　图 2-4　圆滑边界汽车

2.1.2 圈地式选择工具

所谓圈地式选择工具指的是直接勾勒出选择范围的工具，这也是 Photoshop CS6 创建选区最基本的方法，这类选择工具包括选框工具和套索工具，如图 2-5 和图 2-6 所示。

图 2-5　选框工具　　　　　　　　　　　　　　图 2-6　套索工具

1．选框工具

选框工具只能创建形状规则的选区，如图 2-7 所示，适用于选择矩形、圆形等对象或区域，如图 2-7 所示，而效果图配景形状规则的较少，所以选框工具应用并不是很广泛。

矩形选区　　　　　　　　　　　　　　　　　　椭圆选区

图 2-7　使用选框工具建立的选区

选框工具的使用方法较为简单，首先在工具箱中单击选择所需的工具，然后移动光标至图像窗口相应位置单击拖动鼠标即可。选区建立之后，选区的边界就会出现不断闪烁的虚线，以便用户区分选中的与未选中区域，该虚线由于如同行进中的蚂蚁，所以又称为"蚂蚁线"。

2．套索工具

套索工具有三种：套索工具【 ○ 】、多边形套索工具【 ▽ 】和磁性套索工具【 ▷ 】。

套索工具【 ○ 】通过鼠标拖动来创建选区，当鼠标指针回到起点位置时松开鼠标，鼠标移动轨迹所围得的区域即为选区，如图 2-8 所示。从图中可以看出，套索工具建立的选区非常不规则，同时也不易控制，随意性非常大，因而只能用于对选区边缘没有严格要求情况下配景的选择。

多边形套索工具【】使用多边形圈地的方式来选择对象，可以轻松控制鼠标。由于它所拖出的轮廓都是直线，因而常用来选择边界较为复杂的多边形对象或区域，如图 2-9 所示。多边形套索工具【 】与套索工具的使用方法不同，它通过单击鼠标指定顶点的方式来建立多边形选区，因而常用来选取不规则形状的多边形，如三角形、四边形、梯形和五角星等。在实际工作中，多边形套索工具应用较广。

图 2-8 套索工具示例

图 2-9 多边形套索工具应用示例

技巧 在选择过程中按下 Shift 键，可按水平、垂直或 45° 角方向绘制直线；若按下 Alt 键，则可切换为套索工具【 】；若按下 Delete 键或者 Backspace 键，则可取消最近定义的端点，按下 Esc 键，可以取消选择。

磁性套索工具【 】特别适用于快速选择边缘与背景对比强烈的图像，使用时可以在图像中大致沿边界拖曳鼠标，能够根据设定的"对比度"值和"频率"值来精确定位选择区域，当遇到其不能识别的轮廓时，只需单击鼠标左键进行选择即可。

技巧 按 L 键可以选择套索工具，按 Shift + L 快捷键，可以在三种套索工具之间快速切换。

2.1.3 颜色选择工具

颜色选择工具根据颜色的反差来选择具体的对象。当选择对象或选择对象的背景颜色比较单一时，使用颜色选择工具会比较方便。

Photoshop CS6 拥有二个颜色选择工具：

➢ 魔棒工具【 】

➢ 快速选择工具【 】

1. 魔棒工具

魔棒工具【 】是依据图像颜色进行选择的工具，它能够选取图像中颜色相同或相近的区域，选取时只需在颜色相近区域单击即可。

在 3ds max 中渲染输出效果图时，往往要渲染一幅与效果图大小完全相同的纯色图像，我们将其称为"材质通道图"，如图 2-10 所示。

在材质通道图中，每一个材质区域都是单一的颜色色块，因此使用魔棒工具【 】可以方便地选择各个材质区域，以便进行相应的调整。

渲染图像

通道图像

图 2-10　渲染图像和通道图像

使用魔棒工具【　】时，通过工具选项栏可以设置选取的容差、范围和图层，如图 2-11 所示。

图 2-11　魔棒工具选项栏

➤　容差：在此文本框中可输入 0~255 之间的数值来确定选取的颜色范围。其值越小，选取的颜色范围与鼠标单击位置的颜色越相近，同时选取的范围也越小；值越大，选取的范围就越广，如图 2-12 所示。

➤　消除锯齿：选中该选项可消除选区的锯齿边缘。

容差 = 10

容差 = 20

容差 = 50

图 2-12　不同容差值的选取效果

➤　连续：选中该选项，在选取时仅选择位置邻近且颜色相近的区域。否则，会将整幅图像中所有颜色相近的区域选择，而不管这些区域是否相连，如图 2-13 所示。

➤　对所有图层取样：该选项仅对多图层图像有效。系统默认只对当前图层有效，选中该选项，将在所有可见图层中应用颜色选择。

☑连续

□连续

图 2-13　"连续"选项对选择的影响

技巧　若选中"连续"选项，可以按住 Shift 键单击选择不连续的多个颜色相近的区域。

21

2. 快速选择工具

快速选择工具【 】是 Photoshop CS6 新增的工具。在使用快速选择工具拖动时，它能够快速选择多个颜色相似的区域，相当于按住 Shift 或 Alt 键不断使用魔棒工具【 ✦ 】单击。快速选择工具的引入，使复杂选区的创建变得简单和轻松。

如图 2-14 所示的人物图像，由衣服的白色、皮肤的黄色、头发的黑色等多种颜色组成，而且每种颜色还有明显的明暗层次变化，不能简单地使用魔棒工具一次选择。

原图像

选择结果

图 2-14　快速选择工具应用示例

选择工具箱快速选择工具【 ✎ 】，按 Ctrl+ "〔" 和 "〕" 键调整合适的画笔大小，在人物图像上按下鼠标左键并拖动，与光标范围内颜色相似的图像即被选择。在选择的过程中，可以按下 Space 键切换至抓手工具【 ✋ 】，移动图像显示区域。

> **提示**　快速选择工具【 ✎ 】默认选择画笔周围与画笔光标范围内的颜色类似且连续的图像区域，因此画笔的大小决定着选取的范围。

2.1.4 路径选择工具

路径选择工具根据创建路径转化为选区的方法，选择对象。使用路径来建立选区是比较常用的方法之一。因为路径可以非常光滑，而且可以反复调节各节点的位置和曲线的曲率，非常适合建立轮廓复杂和边界要求较为光滑的选区，如人物、家具、汽车、室内物品等。

Photoshop CS6 有一整套的路径创建和编辑工具，如图 2-15 所示，其中钢笔工具【 ✎ 】和自由钢笔工具【 ✎ 】用于创建路径，添加锚点工具【 ✚ 】和删除锚点工具【 ✎ 】用于添加和删除锚点，【 ﹀ 】工具用于切换路径节点的类型，路径选择工具【 ▸ 】和直接选择工具【 ▹ 】分别用于路径的选择和单个节点的选择。

图 2-15　路径创建、编辑和选择工具

1. 钢笔工具

钢笔工具【 ✎ 】是常用的一种绘制路径的工具，它通过单击产生节点的方式，沿需要抠取的图像的边缘形成一个闭合的路径，将该路径转化为选区，即可完成对图像的选择和抠取，如图 2-16 所示。

图 2-16　钢笔工具应用示例

 在绘制路径的过程中，单击产生节点，节点之间以直线连接；单击并拖动鼠标，产生有方向柄的节点，该节点可自由调整节点之间的曲度；按住 Alt 键，单击鼠标，产生拐点，如图 2-17 所示。

2．自由钢笔工具

自由钢笔工具【　】在后期处理中使用较少，原因在于它建立路径时，随意性很强，使用套索工具【　】就可以代替它的功能，所以这里并不推荐使用该工具。

 按下 Ctrl+Enter 键，可快速将当前路径转换为选区。

2.2 图像编辑工具

2.2.1 橡皮擦工具

在为效果图添加配景时，加入的配景如果边界太清楚，配景会和效果图衔接得比较生硬，这时可以用橡皮擦工具对配景的边缘进行修饰，使配景的边缘和效果图其他配景结合自然。

如图 2-18 所示的配景树与天空边界过于明显，衔接生硬，我们可以用橡皮擦工具擦除一部分树的边界，使它和天空融合自然。

图 2-17　三种节点连接方式

图 2-18　衔接生硬的图像

01 选择配景树所在图层为当前图层，按 E 键选择橡皮擦工具，调整画笔的大小，按 1 键设置画笔的不透明度为 10%，如图 2-19 所示。

图 2-19　设置画笔

02 按住鼠标左键，在配景树边界位置拖动，反复擦除部分配景边界，越靠近天空边界位置擦除得越多，直到边界和天空融合得比较自然为止，如图 2-20 所示。

2.2.2 加深和减淡工具

加深工具【　】和减淡工具【　】可以轻松调整图像局部的明暗。

很明显图 2-21 所示的道路路面没有颜色深浅的变化，看上去一点也不真实，和旁边的路面形成了很大的反差，而图 2-22 经过加深减淡工具的处理后，路面就生动了很多，不光有颜色深浅的变化，透视感也增强了。下面分别使用减淡和加深工具进行调节。

图 2-20　擦除配景树边界

图 2-21　道路处理前效果

图 2-22　道路处理后效果

01 选择减淡工具【　】，在"范围"列表框中选择"高光"，设置曝光度为 20%，如图 2-23 所示。

图 2-23　减淡工具参数设置

02 按住 Shift 键，单击起始端和结束端，减淡斑马线附近道路的颜色。

03 选择加深工具【　】，设置参数如图 2-24 所示。

图 2-24　加深工具参数

04 按住 Shift 键，在道路中间车轮频繁经过的区域，单击起始端和结束端，加深车轮压过马路后产生的暗色调。

05 加深减淡工具使用后的效果如图 2-25 所示,道路的明暗对比得到明显加强,效果图更富感染力。

2.2.3 图章工具

图章工具是常用的修饰工具之一,主要用于复制图像,以修补局部图像的不足。图章工具包括仿制图章工具【🔲】和图案图章工具【🔲】两种,在建筑表现中使用较多的是仿制图章工具。

如图 2-26 所示为生活中拍摄的照片,人物的存在妨碍了其作为草地配景的素材,此时可以使用仿制图章工具将人物从草地上去除。

按 Alt 键在周围草地单击取样,然后移动光标至人物图像上拖动鼠标,取样图像被复制到当前位置,如图 2-27 所示,人物被去除。在拖动鼠标的过程,取样点(以"十"形状进行标记)也会发生移动,但取样点和复制图像位置的相对距离始终保持不变。

图 2-25　加深减淡最终效果　　　　　图 2-26　照片素材　　　　　图 2-27　修复图像

2.2.4 修复工具

修复工具包括修复画笔工具【🖊】、修补工具【🔲】、污点修复画笔工具【🖊】和内容感知移动工具【✂】,与仿制图章工具的区别在于修复工具除了复制图像外,还会自动调整原图像的颜色和明度,同时虚化边界,使复制图像和原图像无缝融合,而不留痕迹。

修复画笔工具【🖊】与仿制图章工具用法基本相同,因此这里重点介绍修补工具【🔲】的用法。如图 2-28 所示的天空背景素材云彩过多,需要去除部分云彩以美化构图。

选择修补工具【🔲】后,沿云彩的边缘拖动,松开鼠标后得到一个选区,如图 2-28 所示。按住鼠标左键,拖动选区至一个没有云彩的天空区域,如图 2-29 所示。

图 2-28　选择云彩　　　　　　　　　图 2-29　拖动至目标区域

松开鼠标左键后，系统自动使用目标区域修复源选区，并使目标区域图像与源选区周围图像自然融合，得到如图 2-30 所示的去除云彩结果。

图 2-30　去除云彩结果

图 2-31　添加云彩结果

技巧　改变源区域和目标区域，也可以为天空图像添加云彩，如图 2-31 所示。

2.2.5 文字工具

文字工具【 T 】的使用，对提升效果图的意境，丰富效果图内容的作用是不可忽视的，文字的设计、编排也是一门很深的艺术。

1. 文字的类型

在 Photoshop CS6 中，文字工具仍然分为横排文字【 T 】、竖排文字【 T 】和路径文字三类。

➢　横排文字【 T 】：在打开的图像窗口，选择文字图标【 T 】，在图像窗口单击，光标闪烁的位置就是文字输入的起始端。从这里即可以创建横排文字"湖光山色"，如图 2-32 所示。

➢　竖排文字【 T 】：在打开的图像窗口，选择文字图标【 T 】，在图像窗口单击，即可以创建竖排文字"湖光山色"，如图 2-33 所示。

➢　路径文字：路径文字的创建，首先要使用钢笔工具【 ✍ 】勾画出一条路径，然后选择文字工具，将光标置于路径位置，单击鼠标左键，就会发现光标已经在路径上闪烁了。输入"湖光山色，草长莺飞"，文字绕路径编排，如图 2-34 所示。

图 2-32　横排文字输入

图 2-33　竖排文字输入

图 2-34　路径文字输入效果

提示　当选择直接选择工具时，将光标置于输入的文字之间，光标会变成 ⬚ 形状，这时只要拖动鼠标会发现，文字可以沿着路径移动，并可以沿路径翻转。

2. 文字属性的设置

文字属性包括了文字字体、大小、颜色设置,在文字工具选项栏中,分别可以设置,如图 2-35 所示。

图 2-35　文字属性设置选项栏

2.2.6 裁剪工具

裁剪工具 在建筑后期处理中经常结合构图使用,它的作用是裁减掉画面多余部分,以达到更美观的画面效果。

一般而言,不要对效果图直接进行裁剪,而是先用填充黑色的矩形将画面多余部分遮住,如图 2-36 所示,调整好最合适的位置,然后执行裁剪命令,将黑色矩形外框裁减掉。

图 2-36　调整构图

Photoshop CS6 对裁剪工具 功能进行了增强,现在可以进行非破坏性的裁剪(隐藏被裁掉的区域),在裁剪图像后,当再次选择裁切工具时,便可以看见裁剪前的图像,如图 2-37 所示,从而方便用户重新进行裁剪。同时在使用裁切工具时,如果裁剪范围超过了边界,新的裁切功能会显示预览新的背景。

图 2-37　裁切时预览背景

Photoshop CS6 新增了透视裁切工具 ,可以纠正由于相机或者摄影机角度问题造成的畸变,如图 2-38 所示。

图 2-38　透视裁剪

2.2.7 抓手工具

抓手工具虽然对图像本身的处理不产生影响，但是在操作过程中，移动图像它是必不可少的工具，可以单击【🖐】图标，选择抓手工具，也可以按住空格键，拖动鼠标来移动图像的位置，这样操作起来非常的方便。

2.3 图像选择和编辑命令

对图像进行选择和编辑除了前面提到的一些常用工具外，还常常用到一些菜单命令。工具和菜单命令的结合，使得 Photoshop CS6 的编辑功能更为完善，同时也为后期处理工作带来了更多便利。

2.3.1 色彩范围命令

【色彩范围】命令也是一种选择颜色很方便的命令，执行【选择】|【色彩范围】命令即可打开该对话框。

下面以一个树枝图像选取实例，介绍【色彩范围】对话框的用法。

01 运行 Photoshop CS6 软件，按 Ctrl+O 快捷键，打开附带光盘中 "树枝.jpg" 图像文件，如图 2-39 所示。

02 双击 "背景" 图层，将背景图层转换为 "图层 0" 普通图层，这样在清除天空背景后，可得到透明区域。

03 单击【选择】|【色彩范围】命令，打开【色彩范围】对话框。单击吸管工具【🖋】，然后移动光标至图像窗口蓝色天空背景位置单击鼠标，以拾取天空颜色作为选择颜色。对话框中的预览窗口会立即以黑白图像显示当前选择的范围，其中白色区域表示选择区域，黑色区域表示非选择区域。

04 拖动颜色容差滑块，调节选择的范围，直至对话框中的天空背景全部显示为白色，如图 2-40 所示。

05 单击【确定】按钮关闭颜色范围对话框，图像窗口会以 "蚂蚁线" 的形式标记出选择的区域，如图 2-41 所示。

图 2-39　原图像

图 2-40　"色彩范围"对话框

图 2-41　得到天空背景选区

06 按下 Delete 键,清除选区内的天空图像,从而得到透明背景,如图 2-42 所示。或者按下 Ctrl + Shift + I 键,反选当前选区,以得到树枝选区。

07 按 Ctrl + O 快捷键,打开建筑图像,如图 2-43 所示。

图 2-42　清除天空背景结果

图 2-43　打开建筑图像

08 拖动复制已去除背景的树枝图像至建筑图像窗口,按下 Ctrl+T 快捷键,调整树枝图像的大小及位置如图 2-44 所示。

图 2-44　合成效果

09 调入的配景素材,除了调整大小和位置之外,还需要进行颜色和色调进行调整,以匹配建筑图像的颜色。选择【图像】|【调整】|【亮度/对比度】命令,打开【亮度/对比度】对话框,将树枝图像颜色调暗,从而完成最终合成。

2.3.2 调整边缘命令

01 运行 Photoshop CS6 软件,按 Ctrl+O 快捷键,打开光盘中名称为"别苑.jpg"的图像文件,如图 2-45 所示。

02 在工具箱中选择魔棒工具【 ✦ 】,设置容差参数为 30 左右,单击天空蓝色区域,建立选区如图 2-46 所示。

03 按 Ctrl+Shift+I 组合键,反选当前选区,将背景以外的内容进行选择。

图 2-45　打开文件　　　　　　　　　　　　　　　图 2-46　建立选区

04　执行【选择】|【调整边缘】命令，如图 2-47 所示，参数设置面板如图 2-48 所示。

05　在【视图】这个下拉列表窗口中，有几种视图可供选择，如图 2-49 所示，一般观察视图选择"背景图层"这个视图，观察虚线选框则选择"闪烁虚线"这个视图。

图 2-47　"调整边缘"命令　　　图 2-48　"调整边缘"参数设置面板　　　图 2-49　视图列表

06　在选择【背景图层】这个视图的情况下，勾选【显示半径】，然后调整【智能半径】，如图 2-50 所示，我们可以发现，选区的边缘就显示出来了。

07　单击面板左侧的画笔按钮【　】，沿智能半径显示的区域擦除，擦除效果如图 2-51 所示。

08　单击【确定】按钮，完成【边缘调整】命令，选区最终调整如图 2-52 所示。

图 2-50　显示智能半径　　　　　　　　　　　　　　图 2-51　擦除

技巧　显示智能半径可以帮助我们很快找到选区的边缘，将没有删除的背景色找到，半径大小决定了色彩范围选取的大小。

09 按 Ctrl+J 快捷键，复制选区内的图像至新的图层，将"背景图层"隐藏，最后抠取效果如图 2-53 所示。

图 2-52　"调整边缘"效果

图 2-53　抠取效果

2.3.3 图像变换命令

在调整配景大小和制作配景阴影或倒影的过程中，会反复使用到 Photoshop CS6 的变换功能。图像变换是 Photoshop CS6 的基本技术之一，下面就详细介绍变换的具体操作。

图像变换有两种方式，一种方式是直接在【编辑】|【变换】子菜单中选择各个命令，如图 2-54 所示，另一种方式是通过不同的鼠标和键盘操作配合，进行各种自由变换。

1. 使用变换菜单

【编辑】|【变换】级联菜单各命令功能如下：

➤ 　【缩放】：选择此命令后，移动光标至变换框上方，光标将显示为双箭头形状，拖动鼠标即可调整图像的大小和尺寸。若按下 Shift 键拖动，则可以固定比例缩放，如图 2-55 所示。

➤ 　【旋转】：选择此命令后，移动鼠标至变换框外，当光标显示为↔形状后，拖动即可旋转图像。若按下 Shift 键拖动，则每次旋转 15°，如图 2-56 所示。

图 2-54　【变换】子菜单

图 2-55　缩放图像

图 2-56　旋转图像

➤ 　【斜切】：选择此命令，可以将图像进行倾斜变换。在该变换状态下，变换控制框的角点只能在变换控制框边线所定义的方向上移动，从而使图像得到倾斜效果，如图 2-57 所示。

➤ 　【扭曲】：选择此命令，可以任意拖动变换框的 4 个角点进行图像变换，如图 2-58 所示，但四边形任一角的内角角度不得大于 180°。

图 2-57　斜切图像

图 2-58　扭曲变换图像

> 【透视】：使用此命令，拖动变换框的任一角点时，拖动方向上的另一角点会发生相反的移动，得到对称的梯形，从而得到物体透视变形的效果，如图 2-59 所示。

图 2-59　透视变换图像

2. 自由变换

【自由变换】命令可以自由使用【缩放】、【旋转】、【斜切】、【扭曲】和【透视】命令，而不必从菜单中选择这些命令。若要应用这些变换，在拖移变换框的手柄时使用不同的快捷键，或直接在选项栏中输入数值，具体操作如下：

01 选择需要变换的图像或图层。

02 执行【编辑】|【自由变换】命令，或按下 Ctrl + T 快捷键进入自由变换状态。

03 使用以下功能键执行某一变换操作：

> 缩放：移动光标至变换框的角点上直接拖动鼠标。
> 旋转：移动光标到变换框的外部(指针变为 ⮌ 形状)，然后拖动鼠标。按住 Shift 键可限制为按 15° 增量旋转。
> 斜切：按住 Ctrl + Shift 键并拖动变换框边框。
> 扭曲：按住 Ctrl 键并拖动变换控制框角点。
> 透视：按住 Ctrl + Alt + Shift 键并拖动变换控制框角点。

04 按 Enter 键或双击鼠标应用变换。按 Esc 键取消变换。

3. 图像变换在实际中的运用

图像变换在后期中的运用常见于制作倒影和影子，增强画面的真实性。

❑　　使用菜单命令制作倒影

如图 2-60 所示的图像由于水面缺乏倒影，使得整个画面不够真实，下面使用变换功能制作倒影效果。

01　运行 Photoshop CS6 软件，打开示例文件。如图 2-60 所示。

02　单击工具箱中的矩形选框工具【 ⬚ 】，将水面以外的区域进行框选，如图 2-61 所示。

03　按 Ctrl +J 快捷键，将选区内的内容进行复制，得到 "图层 1"。

图 2-60　示例文件

图 2-61　建立选区

04　按 Ctrl +T 快捷键，调用变换命令，右击鼠标，选择【垂直翻转】命令，如图 2-62 所示。

05　按 Enter 键，应用变换，使用移动工具【 ✛ 】，将图像移动至合适的位置，如图 2-63 所示。

图 2-62　"垂直翻转" 命令

图 2-63　"垂直翻转" 效果

06　执行【滤镜】|【模糊】|【动感模糊】命令，设置参数如图 2-64 所示。

07　设置图层的不透明度为 35%，最后效果如图 2-65 所示。

图 2-64　"动感模糊" 参数设置

图 2-65　倒影效果

❑　　使用变换功能制作阴影

01　运行 Photoshop CS6 软件，打开示例文件，如图 2-66 所示。

02　选择树木所在的图层，按 Ctrl +J 快捷键，进行复制，得到"树木 副本"图层。

03　按 Ctrl +M 快捷键，打开曲线调整对话框，设置参数如图 2-67 所示。

图 2-66　示例文件　　　　　　　　　　　　图 2-67　"曲线调整"对话框

04　将"树木 副本"图层下移一个图层，快捷键为 Ctrl + "["。

05　按 Ctrl +T 快捷键，调用变换命令，按住 Ctrl 键，自由调整变换控制角点，如图 2-68 所示。

06　执行【滤镜】|【模糊】|【动感模糊】命令，设置参数如图 2-69 所示。

07　设置图层不透明度为 60%，添加阴影之后效果如图 2-70 所示。

图 2-68　自由变换　　　　　　　　　　　　图 2-69　"动感模糊"参数设置

2.3.4 图像调整命令

　　要将众多的配景素材与建筑图像进行自然、和谐的合成，统一整体的颜色和色调是关键。效果图常用的图像调整命令包括：色阶、曲线、色彩平衡、亮度/对比度、色相/饱和度等，在【图像】|【调整】级联菜单中可以分别选择各个调整命令。

1．色阶

【色阶】命令通过调整图像的阴影、中间色调和高光的强度级别，来校正图像的色调范围和色彩平衡。【色阶】命令常用于修正曝光不足或过度的图像，同时也可对图像的对比度进行调节。

在调整图像色阶之前，首先应仔细观看图像的"山"状像素分布图，"山"高的地方，表示此色阶处的像素较多，相反的，就表示像素较少了。

如果"山"分布在右边，说明图像的亮部较多；"山"分布在左边，说明图像的暗部较多；"山"分布在中间，说明图像的中色调较多，缺少色彩和明暗对比。

如图 2-71 所示的效果图，"山"主要分布在左侧，说明图像暗部较多，同时图像缺乏亮部区域。

图 2-70　树阴效果　　　　　　　　　　　图 2-71　缺乏亮部区域的效果图

对于此类图像，可以将高光滑块向左移动，扩展图像的色调范围，图像亮部即得到明显改善，如图 2-72 所示。相对应的，如果图像缺乏暗部区域，可以将暗调滑块向右移动。

按 Ctrl+L 快捷键，再次打开【色阶】对话框，可以看到图像像素已经分布到 0～255 整个色调范围，如图 2-73 所示。

图 2-72　色阶调整前　　　　　　　　　　　图 2-73　调整后的色阶

如图 2-74 所示的图像，"山"分布在色阶图的中间区域，因此图像缺乏亮光和暗部细节，整个图像看上去较灰，缺乏明暗对比。

图 2-74　缺乏高光和暗部的图像

对于同时缺乏高光和暗部的图像，将暗调和高光滑块同时向中间移动，如图 2-75 所示。

图 2-75　色阶调整

2．曲线

与色阶命令类似，【曲线】命令也可以调整图像的整个色调范围，不同的是：【曲线】命令不是使用 3 个变量(高光、阴影、中间色调)进行调整，而是使用调节曲线，它可以最多添加 14 个控制点，因而曲线工具调整更为精确、更为细致。

执行【图像】|【调整】|【曲线】命令，或按下 Ctrl+M 快捷键，可以打开【曲线】对话框如图 2-76 所示。

图 2-76　曲线对话框

对于较暗的图像，可以将控制曲线向上弯曲，图像亮部层次被压缩，暗调层次被拉开，整个画面亮度提高。这种曲线适合调整画面偏暗，亮部缺乏层次变化的图像，如图 2-77 所示。

图 2-77   较暗图像调整

对于较亮的图像，可以将控制曲线向下弯曲，图像的暗调分布层次被压缩，亮调层次被拉开，整个画面亮度下降。这种曲线适合调整画面偏亮，暗部缺乏层次变化的图像，如图 2-78 所示。

图 2-78   较亮图像调整

对于画面较灰，缺乏明暗对比的图像，可以调整控制曲线如图 2-79 所示形状，拉开图像中间调层次，使整个画面对比度加强，图像反差加大。

图 2-79   缺乏对比图像调整

3．色彩平衡

【色彩平衡】命令根据颜色互补的原理，通过添加或减少互补色以改变图像的色彩平衡。例如，可以通过为图像增加红色或黄色使图像偏暖，当然也可以通过为图像增加蓝色或青色使图像偏冷。如图 2-80 所示的效果图中间调和亮部区域颜色偏蓝，色彩不够自然，我们可以用【色彩平衡】命令来进行调整。

图 2-80　色调偏冷的图像

按 Ctrl+B 快捷键，打开【色彩平衡】对话框，分别选择"中间调"和"高光"单选项，调整各滑块如图 2-81 所示，将画面的中间调和高光调暖。

图 2-81　高光区域色调调整

画面高光调暖后，色彩更为自然，最终效果如图 2-82 所示。

图 2-82　色调调整效果

2.3.5 使用调整图层

　　所谓调整图层，实际上就是用图层的形式保存颜色和色调调整，方便以后重新修改调整参数。添加调整图层时，会自动添加一个图层蒙版，以方便用户控制调整图层作用的范围和区域。调整图层除了有部分调整命令的功能外，还有图层的一些特征，如不透明度、混合模式等。改变不透明度可以改变调整图层的作用程度，当然也可以双击图标，弹出图像调整命令对话框，直接改变调整参数。

　　下面以如图 2-80 所示的图像为例，介绍调整图层的使用方法。

01　按 Ctrl+O 快捷键，打开如图 2-80 所示的图像。

02　单击图层面板【　　　】按钮，在打开的菜单中选择【彩色平衡】命令，如图 2-83 所示。

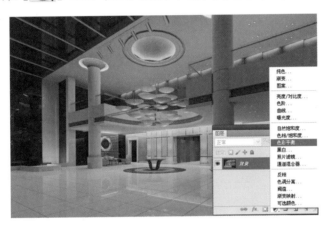

图 2-83　打开调整图层菜单

03　在打开的【色彩平衡】对话框中，设置参数如图 2-84 所示。

图 2-84　色彩平衡调整

技巧　执行【图层】|【新建调整图层】命令，也可以在选择图层的上方建立一个颜色调整图层。

04　单击【确定】按钮关闭【色彩平衡】对话框，即得到如图 2-85 所示的"色彩平衡 1"调整图层。

05　该酒店大厅的左侧大门区域为透明的玻璃屋顶，在夜晚时受天空光影响最大，因此不会出现如此大面积的暖色，使得整个画面不够真实和生动。单击"色彩平衡 1"调整图层图层蒙版缩览图，进入图层蒙版编辑模式，选择画笔工具【　　】，设置前景色为黑色，设置不透明度为 20%，在画面左侧涂抹，消除"色彩平衡 1"调整图层对该区域的影响，如图 2-86 所示。

图 2-85　添加调整图层　　　　　　　　　　　　　　图 2-86　编辑图层蒙版

06 夜晚天空光的颜色为深蓝色，执行【图层】|【新建调整图层】|【曲线】命令，打开【曲线】对话框，选择"蓝"色通道，将曲线向上弯曲，加强图像蓝色成份，如图 2-87 所示。

图 2-87　调整蓝色通道

07 添加【曲线】调整图层后，整个图像的蓝色都得到加强，因此需要使用画笔工具编辑图层蒙版，消除该调整图层对大厅右侧内部区域的影响，将作用范围限制在受天空光影响的区域，如图 2-88 所示。

08 执行【图层】|【新建调整图层】|【色彩平衡】命令，打开【色彩平衡】对话框，继续加强蓝色和青色，如图 2-89 所示，得到"色彩平衡 2"调整图层。

图 2-88　编辑图层蒙版　　　　　　　　　　　　　图 2-89　添加"色彩平衡"调整图层 2

09 按 Alt 键拖动"曲线 1"图层蒙版至"色彩平衡 2"图层上方，在打开的提示对话框中单击【是】按钮，替换"色彩平衡 2"图层蒙版，这样"色彩平衡 2"调整图层也只作用于受天空光影响的区域，如图 2-90 所示。通过内、外的冷暖对比，整幅效果图色彩丰富、对比强烈，成为一幅极具视觉冲击力的佳作。

图 2-90 替换图层蒙版

10 通过设置调整图层的不透明度，可以控制调整图层的调整强度，相当于降低调整参数值，如图 2-91 所示。

图 2-91 设置图层不透明度

从上述操作可以看出，使用调整图层调整图像颜色和色调，不会破坏原图像。用户可随时根据需要修改调整参数和作用范围，控制方法更为灵活和方便。

第2篇 进阶篇

建筑后期处理概述

随着建筑行业的高速发展，建筑表现行业已经日趋成熟，分工也越来越细化，一些专业的效果图公司已经将效果图制作分为前期建模、渲染和后期处理三道工序。前期建模主要是使用 3ds max 软件制作建筑模型并赋予材质、布置灯光，然后渲染输出为位图文件。由于 3ds max 软件渲染出来的图像并不完美，需要通过后期处理来弥补一些缺陷并制作环境配景，以真实模拟现实空间或环境，这一过程就是后期处理工作，通常需要在 Photoshop 中完成。后期处理决定了效果图最终表现效果的成败和艺术水准。

本章简单介绍了建筑效果图的制作流程和后期处理的总体原则、方法，使读者对透视效果图后期处理有一个清晰地了解和认识，为后面章节的具体讲解打下良好的基础。

第 3 章

3.1 建筑效果图制作流程

建筑效果图制作是一门综合的艺术，它需要制作者能够灵活运用 AutoCAD、3ds max、Photoshop 等软件。绘制室外电脑效果图大致可以分为分析图样、创建模型、调配材质、设置摄影机和灯光、渲染输出以及后期处理等基本过程，其中前面几个阶段主要在 3ds max 中完成，最后一个阶段则在 Photoshop 中完成。下面简要介绍各工作阶段的主要任务，以便读者快速了解整个室外效果图制作流程。

3.1.1 创建模型

所谓建模，就是指根据建筑设计师绘制的平面图和立面图，使用 3ds max 的各类建模工具和方法建立建筑物的三维造型，它是效果图制作过程中的基础阶段。

由于建筑设计图一般使用 AutoCAD 绘制，该软件在二维图形的创建、修改和编辑方面较 3ds max 更为简单直接。因此在 3ds max 中建模时可以选择【文件】|【导入】命令，导入 AutoCAD 的平面图，然后再在此基础上进行编辑，从而快速、准确地创建三维模型，这是一种非常有效的工作方法。

如图 3-1 所示为创建的别墅模型。

图 3-1 创建别墅模型

图 3-2 指定别墅材质

3.1.2 调配材质

建模阶段只是创建了建筑物的形体，要表现真实感，必须赋予它适当的建筑材质。3ds max 提供了强大的材质编辑能力，任何希望获得的材质效果都可以实现。"材质编辑器"是 3ds max 的材质"制作工厂"，从中可以调节材质的各项参数和观看材质效果。

需要注意的是，材质的表现效果与灯光照明是息息相关的，光的强弱决定了材质表现的色感和质感。总之，材质的调配是一个不断尝试与修改过程。

如图 3-2 所示为赋予材质后的别墅效果。

3.1.3 设置灯光和摄影机

灯光与阴影在建筑效果图中起着非常重要的作用。建筑物的质感通过灯光得以体现，建筑物的外形和层次需要通过阴影进行刻画。只有设置了合理的灯光，才能真实地表现建筑的结构、刻画出建筑的细节，突出场景的层次感。

在处理光线时一定要注意阴影的方向问题，在一张图中肯定不止用一盏灯光，但通常只把一盏聚光灯的阴影打开，这盏灯就决定了阴影的方向，其他灯光只影响各个面的明暗，所以一定要保证阴影方向与墙面的明暗一致。

在 3ds max 中制作的建筑是一个三维模型，它允许从任意不同的角度来观察当前场景，通过调整摄影机的位置，可以得到不同视角的建筑透视图，如立面效果图、正视图、鸟瞰图等。在一般的建筑效果图制作中，大多都将摄影机设置为两点透视关系，即摄影机的摄像头和目标点处于同一高度，距地面约1.7m ，相当于人眼的高度，这样所得到的透视图也最接近人的肉眼所观察到的效果。

图 3-3 所示为添加了灯光和阴影的别墅效果。

3.1.4 渲染与 Photoshop 后期处理

渲染是 3ds max 中的最后一个工作阶段。建筑主体的位置、画面的大小、天空与地面的协调等都需要在这一阶段调整完成。在 3ds max 中调整好摄影机，获得一个最佳的观察角度之后，便可以将此视图渲染输出，得到一张高清晰度的建筑图像。

经 3ds max 直接渲染输出的图像，往往画面单调，缺乏层次和趣味。这时就可以发挥图像处理软件Photoshop 的特长，对其进行后期加工处理。在这一阶段中，整体构图是一个非常重要的概念，所谓构图就是将画面的各种元素进行组合，使之成为一个整体，就建筑效果图来说，要将形式各异的主体与配景统一成整体，首先应使主体建筑较突出醒目，能起到统领全局的作用；其次，主体与配置之间应形成对比关系，使配景在构图、色彩等方面起到衬托作用。

图 3-4 所示为后期处理完成后的别墅效果图。

图 3-3　为别墅添加灯光和阴影　　　　　　　　图 3-4　别墅后期处理

3.2 Photoshop 后期处理的作用

从室外建筑效果图制作流程可以看出，Photoshop 的后期处理在整个建筑效果图的制作中有着非常重要的作用，三维软件所做的工作只不过是提供一个可供 Photoshop 修改的简单"粗坯"，只有经过 Photoshop的处理后，才能得到一个真实逼真的场景，因此它绝不亚于前期的建模工作。

由于后期处理是效果图制作过程最后一个步骤，所以它的成功与否直接关系到整个效果图的成败，它要求操作人员具有深厚的美术功底，能把握住作品的整体灵魂。总结 Photoshop 在建筑效果图后期处理中的操作步骤和具体应用，大致可归纳为以下几个方面：

3.2.1 修改效果图的缺陷

当场景复杂，灯光众多时，渲染得到的效果图难免会出现一些小的缺陷或错误，如果再返回 3ds max 重新调整，既费时又费力，这时完全可以发挥 Photoshop 的特长，使用修复工具或颜色调整工具，轻松修改模型或由于灯光设置所生成的缺陷。这也是效果图后期处理的第一步工作。

3.2.2 调整图像的色彩和色调

调整图像的色彩和色调，主要是指使用 Photoshop 的"亮度/对比度"、"色调/饱和度"、"色阶"、"色彩平衡"、"曲线"等颜色、色调调整命令对图像进行调整，以得到更加清晰、颜色色调更为协调的图像，这是效果图后期处理的第二步工作。

3.2.3 添加配景

上面已经提到，3ds max 渲染输出的图像，往往只是效果图的一个简单"粗坯"，场景单调、生硬，缺少层次和变化，只有为其加入天空、树木、人物、汽车等配景，整个效果图才显得活泼有趣，生机盎然，当然这些工作也是通过 Photoshop 来完成的，这是效果图后期处理的第三步工作。

3.2.4 制作特殊效果

比如制作光晕、光带，绘制水滴、喷泉，渲染为雨景、雪景、手绘效果等，以满足一些特殊效果图的需要。

3.3 建筑配景及其使用原则

"红花需要绿叶衬"，在效果图场景添加适当的建筑配景，能起到烘托主体建筑，营造气氛的作用，但同时也不可乱用滥用，应根据画面整体布局的需要精心选择、灵活运用，否则就会喧宾夺主、适得其反。

3.3.1 什么是建筑配景

所谓"配景"，指的是在建筑效果图中用于烘托主体建筑的其他元素。随着效果图制作技术的不断发展，建筑配景也日益丰富和全面，其内容可谓是包罗万象，常见的室外建筑效果图配景有：天空、云彩、人、车、雕像、树木、路面、灌木、花丛、草地、路灯、鸟、汽球、飞机、水面、石头；室内建筑效果图配景则有：人、果盘、盆景、挂画、工艺品、花瓶等。

除了烘托主体建筑外，配景常常还能够起到提供尺度，活跃画面，均衡构图，以及增加画面真实度等作用。

3.3.2 建筑配景添加原则

建筑配景固然有用，但也不能滥用，否则就会适得其反，一般说来，使用配景时应遵循以下原则：

1. 不可喧宾夺主

配景在建筑效果图中的作用主要是烘托主体、丰富画面、均衡构图、增加画面真实度，说到底，它还只是一个"配角"。有些建筑效果图初学者，在添加配景时往往求全求多，辅助建筑、汽车、人物、树木样样齐全，而主体建筑所占整个画面的比例还不及配景，许多建筑的重要部分都被遮挡，严重影响了建筑设计构思的表达，这就犯了"过犹不及"的错误。因此配景素材的表达和刻画既要精细，也要有所节制，注意整个画面的搭配与协调，和谐与统一。

2. 选择适当，切和整体构图需要

在选择配景时，还应根据整个画面的布局，以及建筑特点来选材，不同的建筑类型所选择的后期素材是有区别的，例如园林效果图这一类要求色彩清新，办公场地效果图要求庄重严肃，别墅效果图要求幽静雅致，临街效果图则要求热闹繁华。

在选择配景时，还应根据整个效果图的画面布局需要，灵活选择。如图 3-5 所示的场景，在添加树木、人物、假山、水面图像之后，左侧的天空区域也仿佛缺少点什么，这就是构图不均衡的问题。

而如果在画面左上角位置添加一棵挂角近景树，就会使整个画面产生均衡感，如图 3-6 所示。

图 3-5　构图不均衡的场景

图 3-6　添加挂角树平衡构图

3. 尽量贴近现实

一般而言，后期素材在于平时的发现和积累，一般用真实的照片取材会比较贴近现实，而人为地造景则可能显得生硬，处理痕迹也常会显露出来，致使整个效果图显得不真实，所以在后期处理中要尽量贴近现实取材，例如斑驳的树林影子，或错落有致的花丛、草丛，以及画面感丰富的水面和天空等，来源于生活，贴近于生活，则自然真实。

3.3.3 建筑配景的添加步骤

1. 添加环境背景

添加建筑效果图配景，首先是添加环境背景，以构建出效果图的整体布局和框架。这是效果图后期处理至关重要的一环，添加的环境背景既要反映作品的环境特征，也要衬托出效果图的整体气氛。主环

境背景通常都是使用一幅天空图片，但若单独使用天空图像，则整个画面会显得过于空旷，地面与天空衔接的地方也会显得生硬，如图 3-7 所示，所以一般都需要添加辅助建筑和树林配景。

图 3-8 所示为在场景中同时加入天空、辅助建筑和树林制作背景时的效果，远方的建筑增加了画面的层次和景深，模拟出生活中的街道、楼群和树林绿化效果，天空与地面通过建筑和树林巧妙地衔接在一起，这样的效果图构图饱满、画面充实，准确地营造出了真实的环境气氛。远处的楼群通过降低图层的不透明度，使之与天空背景很好地融合在一起。

2. 添加近景和其他配景

在效果图的场景中，近景的作用同样不可忽视。近景一般可用灌木、树木、树叶、人物等配景，如图 3-9 所示。通过添加一些近景，可以增强画面的空间感和进深感；其次是调整画面结构，使结构图更显均衡。但是，近景数量要适度，过多则太杂，喧宾夺主，过少则显单调。处理的原则就是，把握好画面的整体感。

图 3-7　单独使用天空图像制作背景　　　图 3-8　添加辅助建筑和树林制作背景　　　图 3-9　添加人物汽车近景配景

不同性质的建筑有着不同的环境气氛。处理小区居住建筑的环境就不能与处理商业建筑、大型的公共建筑的方法一样。小区居住环境可以增加一些路灯、花坛小品、栏杆等配景来增强画面的生动性和真实性。

3.3.4 收集配景的途径

效果图后期处理的成败，丰富、精美的配景也是一个非常关键的因素。这需要平时大家在工作之余多注意整理、收集。随着近年来建筑设计行业的迅速发展，出现了许多专业制作配景素材的图像公司，大家可以直接通过购买他们公司的产品以得到相关的专业配景素材，目前常用的建筑配景市面上都有出售。

此外，通过扫描仪和数码相机也可以收集到许多我们生活当中的配景素材。特别是在制作实际的建筑项目时，会需要该地点周围环境的配景，这时使用数码相机进行实际拍摄，就是最好不过的方式了。

3.4 配景自然合成技巧

建筑是空间表现的艺术，要将众多的配景元素与建筑自然的合成，表现出空间感和立体感，得到真实的图片效果，必须遵循一定的空间透视关系和空间规律，"近大远小"、"远处模糊近处清晰"是两个大的方面的可寻规律，也是后期处理中的基本原则。

3.4.1 透视和消失点

1. 什么是透视消失点

由于我们的视觉关系，所看到的同样宽窄的道路、田野等，会觉得越远就越窄，同样看到的人、电线杆，树木等，越远就越小，最后消失在视野的尽头，如图 3-10 所示，我们把这种现象称之为"透视现象"，那么我们看到的视野的尽头实际上就是消失点。

图 3-10　透视消失点

我们在进行几何体、静物、风景等绘画时，都必须掌握好透视规律，才能准确地描绘出物体在空间各个位置的透视变化，使物体具有空间感、纵深感和距离感，如图 3-11 所示。

图 3-11　绘画作品

那么在一幅图片中我们怎样来确定其透视消失点呢？下面来看图 3-12 的图解。

图 3-12　透视消失点示意图

理解消失点和视平线，对于合成建筑配景具有重要的意义。

在后期处理中，一般会根据建筑的透视关系，新建一个透视关系层，用线条标注出透视关系，再进行相关的配景合成操作。这样做的目的很明显，就是为了从宏观的角度把握好整幅图的空间感，使之看起来更接近真实场景。

如果初学者在后期处理中，忽略了透视关系，那么制作出来的图像可能会显得不自然、不真实，因而也就失去了透视的魅力。

> **提 示** 3ds max 渲染的图像不会显示出视平线和消失点，对于初学者来说，靠感觉完成操作是很困难的。在 Photoshop 合成配景时，可以新建一个图层，沿着建筑的连线绘制视平线和消失点，然后根据这些参考线进行配景合成。

2. 透视的分类

在 3ds max 中创建摄影机时，通过调整摄影机（视点）和目标点的位置和角度，可以渲染得到不同消失点个数的透视图。根据消失点的个数，可以将透视图分一点透视（又称平行透视），两点透视（又称成角透视）及三点透视(斜角透视)三类，如图 3-13 所示。

一点透视　　　　　　二点透视　　　　　　三点透视

图 3-13　三种透视关系示意图

一点透视（平行透视）是表现三维空间立体感的最基本的方法，它只有一个消失点。当建筑的一个面与摄影机视平面平行时，即可得到一点透视效果，常用于室内效果图和对称建筑的表现，如图 3-14 所示。

图 3-14　一点透视建筑效果图

二点透视（成角透视）有两个消失点，两侧的延长线形成一定角度，可以很好地表现建筑的受光面和阴影面，具有极强的立体感，是室外建筑表现最常用的透视方法，如图 3-15 所示。

三点透视（斜角透视）有 3 个消失点，位于画面两侧和或上或下的位置，如图 3-13 所示。三点透视适合于鸟瞰图和特殊场景表现，如图 3-16 所示。

在前面介绍的一点和二点透视中，建筑物的垂直方向延长线都是垂直于水平面的，与我们在日常生活中看到的建筑相符。

在 3ds max 中创建摄影机时，当摄影机与目标点位于一个水平高度时，即可保证渲染得到的建筑物垂直线垂直。否则就会得到摄影机俯视或仰视的三点透视效果，此时的建筑物垂直线不与画面水平面垂直。

图 3-15　两点透视建筑效果图

图 3-16　三点透视建筑效果图

3.4.2 远近距离的表现

"远小近大"是表现空间透视感最基本的方法，但是有时只靠把近处的对象绘制得大一些，把远处的对象绘制得小一些是远远不够的。

由于空气的阻隔，空气中稀薄的杂质造成物体距离越远，看上去形象越模糊，所谓"远人无目，远水无波"就是这个道理。此外，同样颜色的物体距离近则色彩鲜明，距离远则色彩灰淡。

如图 3-17 所示的图像，远处的建筑和树木虽然满足"远小近大"的基本透视规律，但颜色和亮度仍然很高，使整体效果显得不够真实。

通过在 Photoshop 中降低图层的透明度，减少颜色的纯度和亮度，可以大大增加场景的真实感和透视感，如图 3-18 所示。

图 3-17　只根据大小表示远近感　　　　　图 3-18　根据大小和明暗表示远近感

远处的景物同时还存在着另外一种色彩现象，由于空气中孕含水气，在一定距离之外物体偏蓝，距离越远偏蓝的倾向越明显，因此在使用群山作为远景背景时，常调整为纯度很高的蓝色，如图 3-19 所示。

图 3-19　远景的颜色变化

　　根据配景离视点的远近，我们可以将画面中的对象划分为近景、中景和远景三个层次，如图 3-20 所示。针对不同的层次，可以使用不同的颜色处理方案，远景对象宜用纯度低的颜色，近景对象宜用鲜明的颜色，在近景和中景内部同时也需要表现出对象的远近，从而得到远近感强烈、层次分明的合成效果。

图 3-20　近、中、远景示意图

3.4.3 配景色彩搭配

1. 冷暖协调　相得益彰

色彩大致分为冷、暖两种色调，冷色调给人以静默、严肃、庄重之感，而暖色调则给人温馨、浪漫、热闹之感。

在一幅效果图中，不怎么可能出现的情况是，全是冷色调或者全是暖色调。而是在颜色的搭配上有所侧重，氛围或者偏暖，或者偏冷，以达到预期的效果，如图 3-21 所示。

图 3-21　冷暖色调对比

2. 色彩多样　灵动有致

在一幅效果图中，颜色不能是单一的，那样看上去会显得呆板，而没有层次感，画面也显得不够生动，所以在色彩使用的时候，一定要注意，灵活地穿插不同的色彩，但色差讲究对比不是很强烈的原则，使画面看上去和谐，灵动有致，极富色彩变化的魅力，如图 3-22 所示。

3.4.4 光影的表现

我们都知道，光通过水面会产生折射和反射，一部分光线折射到水里，一部分光线通过反射返回到空气中，又会再次投射到建筑物或者其他的植被上。水面因为光线的入射会变亮，看上去波光粼粼，而岸边植被反射的光线也会投射到水面，产生美丽的倒影，这样就产生了层次较为丰富的光线效果，如图 3-23 所示。

图 3-22　色彩多样化　　　　　　　　　　　图 3-23　光影表现

同样，光线照射到植被上，也会产生反射效果，植被受光的地方变亮，颜色变浅。而未受光的地方则会变暗，颜色相对较深。一般来说，在效果图中，光线从上往下照射，那么树冠的颜色相对较浅，树冠以下颜色渐次加深，受光面颜色较浅，背光面颜色较深，如图 3-24 所示。

光线在建筑物上的表现也不难，一般在前期建模的时候，就已经将灯光效果调整得差不多了，这里只需要简单地调整光线的强弱程度即可，也可根据效果表现的不同需要，局部提亮建筑物，或局部加深某些区域，以达到自己满意的效果，如图 3-25 所示。

图 3-24　受光面和背光面的光线表现手法

图 3-25　光线在建筑物上的表现

所以在后期处理的过程中，一定要把握好光线的变化，遵循光线的投射法则，处理方式万变不离其宗。

3.4.5 光线的统一

如图 3-26 所示场景，右侧建筑墙面因为是受光面，墙面和玻璃颜色亮度高，反光强烈，其下方的植物等配景，由于日光的照射而颜色鲜艳夺目，整体色调偏暖。

画面左侧的建筑墙面由于是背光面，颜色暗淡，对比和亮度低，整体色调偏冷。受光面和背光面颜色、色调的强烈对比，使整个场景显得真实可信，具有极强的艺术感染力。

而如果在配景添加时，不统一光的方向，使阴影关系错乱，不区分背光面和受光面，如图 3-27 所示，就会使整个场景显得不真实，缺乏艺术感染力。

图 3-26　层次分明的高光和阴影场景

图 3-27　光方向关系错乱的场景

建筑后期处理技巧点拨

　　前面一章我们对建筑效果图后期处理基本原则和方法进行了概括性的介绍，这一章主要针对一些常见的基本元素的处理以及相关技巧和准则进行实例讲解，从细化的角度来学习建筑效果图的后期处理方法。

第 4 章

4.1 天空不空——天空处理技巧点拨

天空的表现对于建筑透视图制作具有重要的意义，通过添加不同的天空背景，在色彩、亮度以及云彩大小、形状上予以丰富的变化，将为建筑营造出不同的氛围。

如图 4-1 所示为晴空，无论是白云朵朵，还是一片肃静的天蓝，都给人一种晴朗的惬意感。

图 4-1　晴空万里的天空

如图 4-2 所示为乌云密布的下雨场景天空，通过暗沉的天空表现，营造出下雨前压抑，厚重的气氛。

图 4-2　乌云密布的天空

如图 4-3 所示为夜晚的天空，纯净的深蓝色，给人静谧之感。

图 4-3　夜晚的天空

　　制作天空背景的方法有三种，一种是直接利用合适的天空背景素材，添加到效果图中；另外一种是利用颜色渐变制作晴天万里或者夜晚的天空，还有一种是利用素材合成，制作颜色、层次变换比较丰富的黄昏效果的天空。

4.1.1 直接添加天空背景素材

　　直接添加天空素材法相对简单，只需要根据建筑和环境，选择合适的天空，直接添加进来就可以了。

　　01 运行 Photoshop CS6 软件，按 Ctrl+O 快捷键，打开实例文件如图 4-4 所示。

　　02 展开图层面板，里面包含了三个图层，即背景图层 "图层 0"、通道图层 "图层 1"、建筑图层 "图层 2"，如图 4-5 所示，本实例将学习给建筑效果图添加天空背景。

图 4-4　示例文件

图 4-5　图层关系

　　03 打开一张天空背景图像，如图 4-6 所示，按 Ctrl+A 快捷键，全选图像，按 Ctrl+C 快捷键，对选区内的图像进行复制。

　　04 回到当前效果图操作窗口，按 Ctrl+V 快捷键进行粘贴，最后效果如图 4-7 所示。

图 4-6　天空背景

图 4-7　添加天空背景效果

4.1.2 巧用渐变工具绘制天空

　　渐变填充天空背景的方法，一般适合于制作晴朗无云的晴空，天空看起来宁静，高远，干净得没有一丝杂质。

方法一

01 单击工具箱前景色色块，在弹出的"拾色器"对话框中设置前景色为天空最深的颜色，这里设置为深蓝色＃"4681d4"。单击背景色色块，设置背景色为天空最浅的颜色，这里设置为白色，如图 4-8 所示。

02 选择工具箱渐变工具【█】，在工具选项栏渐变列表框中选择"前景到背景"渐变类型，按下线性渐变选项按钮【█】，其他参数设置如图 4-9 所示。

图 4-8　设置前景色和背景色

图 4-9　渐变工具参数设置

03 打开渲染图像，在图层面板底端新建一个图层，如图 4-10 所示。

04 移动光标至画面左上角，然后拖动鼠标至画面右下角，填充渐变如图 4-11 所示，得到天空亮光在画面右侧的天空效果。

图 4-10　打开渲染图像

图 4-11　填充渐变

使用渐变制作的天空给人一种简洁、宁静的感觉，比较适合主体建筑较为复杂时的场景使用。

方法二

此种方法可以方便控制天空白色区域的大小。

05 设置前景色和背景色如图 4-8 所示。

06 按 Alt+Delete 键，在天空图层中填充深蓝色，如图 4-12 所示。

07 按 X 键，交换当前系统前/背景色。选择渐变工具【█】，在工具选项栏中设置渐变为"前景到透明"类型，如图 4-13 所示。

08 在"图层 1"上方新建"图层 2"，从画面右下角向左上方向拖动光标，填充白色到透明渐变，得到天空的高光区域，如图 4-14 所示。通过设置图层的不透明度，可以调整颜色浓淡，表现远近的方向。

图 4-12　填充颜色

图 4-13　选择渐变类型　　　　　　　　　图 4-14　填充渐变并设置图层透明度

方法三

本方法使用颜色调整的方法制作天空的远近距离感。

09　新建"图层 1"，按 Alt+Delete 键填充深蓝色，如图 4-12 所示。

10　按 D 键，恢复前/背景色为默认的黑白颜色。

11　按下工具箱【⬚】按钮或 Q 快捷键，进入快速蒙版编辑模式。

12　选择工具箱渐变工具【▨】，从画面右下角向左上角方向拖动鼠标，填充一层半透明的红色蒙版，如图 4-15 所示。

13　按 Q 快捷键，退出快速蒙版编辑模式，得到如图 4-16 所示的选区。按 Ctrl+Shift+I 快捷键，反选当前选区。

图 4-15　填充渐变　　　　　　　　　　图 4-16　返回正常编辑模式

14　执行【图像】|【调整】|【亮度/对比度】命令，打开【亮度/对比度】对话框，向右拖动亮度和对比度滑块，即可得到有远近变化的天空效果，如图 4-17 所示。

图 4-17　亮度/对比度调整

4.1.3 合成法让天空富有变化

素材合成法适合制作颜色、层次变换有度的天空，使天空看起来具有黄昏的美感，温暖而切合人的心情。

01 运行软件，打开配套光盘提供的"晚晴.psd"的图像文件，如图 4-18 所示。现在需要给它添加天空背景，营造黄昏的氛围。

02 按 Ctrl+O 快捷键，打开配套光盘给定的天空背景素材，如图 4-19 和图 4-20 所示。

图 4-18　晚晴

图 4-19　"天空 01"

03 首先将"天空 01"添加至效果图中，将天空背景置于图层面板的底层，效果如图 4-21 所示。

04 根据建筑上影子的投射方向，确定天空的光照方向为从右往左照射，那么在添加天空背景素材的时候也要遵循这个规律，天空较亮的一方在画面的右侧，左侧的天空相对较暗。

图 4-20　"天空 02"

图 4-21　添加"天空 01"

技巧 按 Ctrl+"["键，将选择图层下移一个图层，按 Ctrl+Shift+"["键，将选择的图层置于最底层，按 Ctrl+"]"键，将选择图层上移一个图层，按 Ctrl+Shift+"]"键，将选择图层置于最顶层，按住 Alt 键，单击选择图层前的眼睛按钮【👁】，隐藏除选择图层之外的所有图层。

05 添加"天空 02"，按 Ctrl+T 快捷键，调用变换命令，右击鼠标，选择【水平翻转】命令，如图 4-22 所示，从而改变天空的光照方向，使之与效果图的光照方向一致。

06 使用移动工具【▶⊕】，将"天空 02"移动至合适的位置，如图 4-23 所示。

07 单击图层面板下方的图层蒙版按钮【◻】，给"天空 02"背景素材添加图层蒙版，这样方便后面制作渐隐的图像效果。

08 按 D 键，恢复默认的颜色设置，单击工具箱中的渐变工具【▮】，拉伸渐变如图 4-24 所示，将"天空 02 左侧的部分进行渐隐隐藏。

图 4-22　"水平翻转"命令　　　　　　　图 4-23　移动图像

09 按 Ctle+E 快捷键合并天空背景，效果如图 4-25 所示。

图 4-24　拉伸渐变　　　　　　　　　图 4-25　素材组合天空效果

4.1.4 天空制作的注意事项

1. 根据建筑物的用途表现氛围

不同性质的建筑应表现出不同的气氛。例如居住建筑应该表现出亲切、温馨的氛围，商业建筑要有繁华、热闹、动感的氛围，办公建筑应表现出庄重、严肃的气氛。

作为气氛表现的重要组成成分，天空背景的选择应切合气氛表现的需要。如图 4-26 所示为政府办公大楼建筑，使用了低饱和度的阴暗天空，表现出办公大楼的庄重和严肃。如图 4-27 所示为邻居小区场景，使用高饱和度的蓝色和轻松、活泼的云彩，表现出住宅小区的温馨和亲切。

图 4-26　政府办公大楼　　　　　　　图 4-27　住宅小区

2. 选择与建筑物形态匹配的天空素材

作为配景的天空背景，应与建筑物形态相协调，以突出、美化建筑，不应喧宾夺主，以避免分散浏览者对建筑的注意力。

结构、场景复杂的建筑宜选用简单的天空素材作为背景，如图 4-28 所示。结构简单的建筑宜选用云彩较多的天空作为背景，以丰富画面、平均构图，如图 4-29 所示。

图 4-28　场景复杂的建筑和简洁天空背景　　　　图 4-29　结构简单的建筑和复杂的天空背景

3. 调整与建筑物对比的天空颜色

将天空设置为与建筑物构成对比的颜色，可以强调建筑物。如图 4-30 所示夜景场景中，建筑室内暖色灯光与深蓝色天空的对比，形成强烈的视觉冲击。

如图 4-31 所示的住宅暗红色与青色的天空也形成颜色的对比。

图 4-30　夜晚天空与建筑室内灯光对比　　　　　　图 4-31　住宅与青色天空颜色对比

4. 天空自身也要有远近感

天空是场景中最远的背景，在画面中占据着一半或更多的面积。为了表现出整个场景的距离感和纵深感，天空图像本身应通过颜色差异、云彩的大小和形状表现出远近感，使整个场景更为真实，如图 4-32 所示。

图 4-32　有远近感的天空

5．根据照明方向和视角表现天空

根据颜色的明暗，天空图片也有照明方向之分。靠近太阳方向的天空，颜色亮且耀眼，远离太阳的方向颜色深而鲜明。

如图 4-33 所示场景中，从建筑阴影方向和位置可知，太阳的方向在建筑右上方，而天空的高光区域位于左侧，显然与场景不符。正确的天空方向应如图 4-33b 所示。

a)错误的天空方向　　　　　　　　　　　　　　　　　b)正确的天空方向

图 4-33　天空与照明的方向

4.2 芳草离离——草地处理技巧点拨

在建筑后期处理中，草地的规划区域总是必不可少的，它是环境绿化的铺垫。离离芳草，青翠欲滴，满眼青苍的小草，使得环境的生态美感充分展现，惹人怜爱。

如图 4-34 所示是小区绿化景观图，青葱的草地和周边的灌木、花丛、树木等等互相映衬，展现了小区环境的干净、优雅、生态，这样美好的环境能不令人向往？这也是建筑后期处理工作者和建筑设计者需要表现的初衷。

图 4-34　小区绿化效果图

再如图 4-35 所示为夜景效果图中的草地效果，大面积的草地在周围灯光的照射下，光影层次丰富，生机勃勃，给人以美的感受。

如图 4-36 所示为孤立建筑前的草地效果，该草地的色泽一半不是很青翠，而是略微偏黄、偏暗，在色彩上给人一种稳重、不张扬的感受，符合建筑的格局和气势。

总之，无论是在喧闹的城市中心，还是在寂静的别墅周边，草地都是环境绿化必不可少的一个因素，车水马龙之外，草地给人以视觉上的小憩，将城市的喧闹和沸腾置之于身外，而觉得亲近自然、赏心悦目。

在后期处理中草地的处理方法有两种，而色彩和层次的表现则因人而异。

图 4-35　夜色中的草地效果

图 4-36　色彩稳重的草地

4.2.1　直接添加草地素材

直接添加草地素材方法比较简单，只要找到草地纹理清晰，比例关系协调的素材，将它直接添加至效果图中，稍微调整即可。

01 运行 Photoshop CS6 软件，打开示例文件"添加草地练习-star.psd"，如图 4-37 所示。

02 打开草地素材，如图 4-38 所示。

图 4-37　草地示例文件

图 4-38　草地素材

03 将草地素材移动复制到效果图中，添加至渲染模型图层的上方，如图 4-39 所示。

图 4-39　粘贴草地素材

04 选择【窗口】|【通道】面板，选择 "Alpha 5" 通道，按住 Ctrl 键，单击该通道，将草地区域载入选区，回到图层面板，选区如图 4-40 所示。

图 4-40　选择草地区域

05 切换到 "草地" 图层，单击图层面板下方的图层蒙版按钮【 ▣ 】，将选区以外的草地进行隐藏，如图 4-41 所示。

06 单击草地缩览图和蒙版之间的链接按钮【 ⬚ 】，选择草地缩览图，如图 4-42 所示，然后移动草地至合适的位置，如图 4-43 所示。

图 4-41　添加图层蒙版　　　　　　　　　　　　　　　　图 4-42　取消链接

4.2.2 巧用复制命令制作成片草地

在制作鸟瞰效果图的时候，通常会有大片的绿化区，那么在处理的时候，首先要给这些绿化区铺植上草地，作为绿化背景，以前常用的方法为简单的为绿化区填充绿色，这样做方法固然简单，但是草地表现不够细腻，欠缺草地的纹理和质感，所以这里介绍另外一种方法，巧用复制命令，制作大片草地。

01 运行 Photoshop CS6 软件，打开示例文件 "nk-素材 psd"，如图 4-44 所示。

图 4-43　草地效果　　　　　　　　　　　　　　　　图 4-44　nk-素材示例文件

02 单击工具箱中的魔棒工具【 ✎ 】，在工具选项栏中设置相关参数，如图 4-45 所示。

图 4-45 魔棒工具参数设置

03 选择"背景"图层，单击草地规划区域，得到草地选区，如图 4-46 所示，按 Ctrl+Shift+J 组合键，将草地区域剪切至新的图层，得到"图层 1"。

04 使用魔棒工具【 】，在工具选项栏中勾选"连续"复选框，选择如图 4-47 所示的区域，按 Delete 键，将其删除。

图 4-46 建立选区

图 4-47 去除多余的草地区域

05 打开一张草地素材图片，如图 4-48 所示。

06 按 Ctrl+A 快捷键，将草地全选，再按 Ctrl+C 快捷键，对选区内的图像进行复制，回到当前效果图的操作窗口，按 Ctrl+V 快捷键进行粘贴。

07 为了使鸟瞰图和草地素材的比例适宜，需要将草地素材进行缩小处理，使草地本身的纹理比例切合实际。

08 按住 Ctrl 键，将草地载入选区，按住 Ctrl+Alt 键，拖动鼠标，在同一个图层内复制草地，如图 4-49 所示。

图 4-48 草地素材

图 4-49 同图层复制草地

技巧 在同一图层内进行图像复制的时候，如果当前工具为移动工具【 】，则按住 Alt 键，拖动鼠标既可以完成复制操作，若当前工具不是移动工具【 】，那么按住 Ctrl + Alt 键，拖动鼠标也可以完成复制操作，这样只会产生一个图层，可以优化文件。

09 将"图层 2"载入选区，单击图层面板下方的蒙版按钮【 】，给"草地"图层添加蒙版，将多余的草地进行隐藏，如图 4-50 所示。

10 鉴于这是一个小区内的绿化，草地的颜色以鲜绿为主，色彩应该清新、活泼，按 Ctrl+U 快捷键，打开【色相/饱和度】对话框，调整草地的颜色，如图 4-51 所示。

图 4-50　添加图层蒙版

图 4-51　调整颜色

11 为丰富草地层次，继续调整沿河边缘的草地颜色，首先使用魔棒工具将这一带的草地进行选取，如图 4-52 所示。

12 按 Ctrl+U 快捷键，打开【色相/饱和度】对话框，调整参数如图 4-53 所示。

图 4-52　选择草地

图 4-53　再次调整草地颜色

13 添加花草、树木、以及处理周边环境，效果如图 4-54 所示。

4.2.3 草地制作的注意事项

1．透视规律

草地也是效果图的一部分，它同样遵循效果图的透视规律，那么在处理草地的时候，要保证近处的草地颗粒较大，纹理清晰可见，越远就越模糊，如图 4-55 所示。

图 4-54　鸟瞰完成效果图

图 4-55　草地透视示意图

2. 明暗关系

由于受光照的影响，草地本身的颜色并不是一成不变的，它会随着光照因素，以及植物遮挡关系，呈现不同的光影变化。

如图 4-56，草地由于受近景植物的遮挡，近处的草地颜色很深，通常使用黑色到透明的渐变图层来拉深近处草地的颜色；而远处的草地，由于光照原因，它的颜色相对明亮，略微偏黄色。

图 4-56　日景草地的明暗关系

图 4-57 为夜景中的草地效果，远处受灯光照射的影响，草地颜色偏亮，近处没有光照，草地呈现黑色。

夜景中的草地一般颜色较深，只有在有灯光的地方才会呈现不同程度的绿色，这样就将明暗关系表现出来了，使草地的层次丰富，妙趣横生。

图 4-57　夜景草地明暗关系

3. 因地"植"宜

草地的铺植也是有讲究的，在后期处理中，讲究的就是一个"宜"字，因地"植"宜才能更好地发挥草地的用途。

园林、小区、别墅、湿地等地方的草地颜色应该以鲜绿为主，草地看起来丰茂有生命力，体现环境的优雅，生机勃勃，容易亲近自然，分别如图 4-58～图 4-61 所示。

图 4-58　园林

图 4-59　小区

图 4-60　别墅

图 4-61　湿地

而商业繁华或者气氛庄重的场所，则应该选择稳重，色彩不轻浮、纹理简单的草地，常见于办公楼、高层建筑等的前坪，如图 4-62 和图 4-63 所示。

图 4-62　严肃的办公场合

图 4-63　孤立的高层建筑

4.3 湖光山色——水面、倒影处理技巧

湖光山色，蓝天白云，这应该就是很多人理想中的居住环境，为了将这样一种美好的愿望进行表达，在后期处理中，设计工作者常常会将环境处理得跟仙境一般，让人对此产生美好的向往。

湖光山色，主要通过水和倒影来表现，波光粼粼、色彩斑斓的湖面，如图 4-64 所示，自然成趣的倒

影，如图 4-65 所示，将建筑的传统美感和自然融合为一体。

图 4-64　色彩奇特的湖面

图 4-65　自然成趣的倒影

4.3.1 水面制作

水是万物之灵，也是植物生存的根本。

水面的处理不是很常见，要根据渲染给定的模型而定，但水面的处理仍然是后期处理必要掌握的一部分内容，它对环境的表现有着非常重要的作用。

1. 单个素材制作水面

01 按 Ctrl+O 快捷键，打开配套光盘给定的"单个元素制作水面.psd"文件，如图 4-66 所示。

02 打开单个水面素材，如图 4-67 所示。

图 4-66　水面制作示例

图 4-67　水面素材

03 将水面素材添加至效果图中，按 Ctrl+T 快捷键，调用变换命令，调整水面素材大小至覆盖水面区域，如图 4-68 所示。

04 选择【窗口】|【通道】命令，展开通道面板，将"Alpha 3"通道载入选区，如图 4-69 所示。

图 4-68　粘贴水面素材

图 4-69　Alpha 3 通道选区

05 回到图层面板，给水面素材添加图层蒙版【▣】，效果如图 4-70 所示。

到这里水面已经成功添加，但是整个水面看上去总觉得欠缺点什么，在这里我们对水面再进行处理，使水面重点突出，光影效果丰富。

06 单击工具箱中的套索工具【♀】，自由建立选区如图 4-71 所示，该选区用来制作光线在水面上反射，使产生水面变亮的效果。

图 4-70　添加图层蒙版

图 4-71　建立选区

07 为了使选区边缘过渡自然，首先对选区进行羽化操作，按 Shift+F6 快捷键，打开【羽化选区】对话框，设置羽化参数为 100 像素，如图 4-72 所示。

08 单击【确定】按钮，退出【羽化选区】对话框，切换到"水面"素材图层，将选区内的图像复制到新的图层，快捷键为 Ctrl+J，得到"水面副本"。

09 同样给该图层添加"Alpha 3"通道蒙版。

10 调整"水面副本"图层的颜色，使其和原水面素材的颜色产生亮度和色彩的差异，从而突出表现这一部分，首先按 Ctrl+B 快捷键，打开【色彩平衡】对话框，调整参数如图 4-73 所示。

11 单击【确定】按钮，得到部分水面调整效果，如图 4-74 所示。

图 4-72　羽化选区　　　　　　　　　　　图 4-73　"色彩平衡"参数设置

12 给水面添加倒影效果，效果如图 4-75 所示，倒影的制作将在后面章节进行具体讲解，水面制作完成。

图 4-74　调整水面效果　　　　　　　　　　　　图 4-75　水面效果

2. 多个素材制作水面

01 按 Ctrl+O 快捷键，打开配套光盘给定的"水面 ts.psd"文件，如图 4-76 所示。

图 4-76　水面 ts.psd 初始效果图

02 打开一张水面素材，单击工具箱中的矩形选框工具【▢】，选择所需的水面素材部分，如图 4-77 所示。

03 复制选区内的图像，粘贴至"水面 ts.psd"图像文件窗口，如图 4-78 所示。

图 4-77　水面素材　　　　　　　　　　　　　图 4-78　粘贴图像

04 按 Ctrl+T 快捷键，调用变换命令，右击鼠标选择"水平翻转"命令，并对图像进行水平拉伸处理，再使用移动工具【▶╋】，移动图像至合适的位置，如图 4-79 所示。

05 选择【窗口】|【通道】命令，打开通道面板，选择"Alpha 14"通道，按住 Ctrl 键，单击该通道，将其载入选区，如图 4-80 所示。

图 4-79　自由变换　　　　　　　　　　　　　图 4-80　Alpha 14 通道

06 回到图层面板，选择"水面"图层，单击图层面板下方的图层蒙版按钮【▣】，将选区外的图像进行隐藏，效果如图 4-81 所示。

07 丰富水面效果，打开另一张水面素材，如图 4-82 所示。

图 4-81　添加图层蒙版　　　　　　　　　　　图 4-82　水面素材 2

08 将该图像复制粘贴至效果图中，移动至右下角，利用素材合成的方法，模拟树的倒影效果，如图 4-83 所示。

09 将"Alpha 14"通道载入，给"水面素材 2"也添加一个图层蒙版，将多余的图像进行隐藏，如图 4-84 所示。

图 4-83　添加水面素材 2　　　　　　　　　　图 4-84　添加图层蒙版

10　由于两张水面素材叠加在一起的时候，边缘接触的地方线条生硬，不美观，需要进一步对图层蒙版进行调整，将生硬的边缘部分进行擦除，设置前景色为黑色，然后单击工具箱中的画笔工具【🖌】，设置参数如图 4-85 所示。

图 4-85　画笔参数设置

11　利用画笔，在生硬的边缘区域进行涂抹，范围大致如图 4-86 所示。

12　编辑蒙版完成之后效果如图 4-87 所示。

图 4-86　编辑蒙版　　　　　　　　　　　图 4-87　编辑蒙版效果

技巧　在编辑图层蒙版时，按 D 键，恢复默认的颜色设置，利用画笔工具在蒙版上绘制黑色可以将图像显示出来，绘制白色可以将图像进行隐藏。

13　打开一张水面素材，如图 4-88 所示，使用套索工具【🔾】建立一个如图 4-89 所示的选区，该选区将用来表现水面的层次感。

图 4-88　水面素材　　　　　　　　　　　图 4-89　建立选区

14　将图像复制粘贴至效果图中，放置到画面的左下角，添加图层蒙版，然后设置前景色为黑色，使用画笔工具进行绘制，调整蒙版，得到如图 4-90 所示的效果。

15 更改图层的混合模式为"柔光"，效果如图 4-91 所示。

图 4-90　调整蒙版

图 4-91　柔光效果

16 制作树木倒影，水面效果制作效果如图 4-92 所示。

图 4-92　水面完成效果

图 4-93　示例文件

4.3.2 倒影制作

1．制作单个倒影

01 运行 Photoshop CS5 软件，按 Ctrl+O 快捷键，打开实例文件如图 4-93 所示

02 选择岸边植被，通过 PSD 源文件可以查看植被所在图层，也可以在预选的植被上右击鼠标，选择该图层，如图 4-94 所示。

03 按 Ctrl+J 快捷键，复制该植被至新的图层，再按 Ctrl+T 快捷键，调用变换命令，右击鼠标，选择"垂直翻转"命令，如图 4-95 所示。

图 4-94　选择图层

图 4-95　翻转图像

04 倒影的颜色一般和水的颜色有一定联系，比较接近水面的颜色，所以这里我们制作这个倒影的时候，先调整一下素材的颜色，按 Ctrl+U 快捷键，打开【色相/饱和度】对话框，设置参数如图 4-96 所示。

05 单击【确定】按钮，退出该对话框。

06 单击图层面板下方的蒙版按钮【 ▢ 】，给倒影添加一个图层蒙版，如图 4-97 所示。

图 4-96　"色相/饱和度"参数设置　　　　　图 4-97　添加图层蒙版

07 单击工具箱中的橡皮差工具【 ✐ 】，设置前景色为白色，将倒影素材的下半部分进行擦除，制作渐隐的效果，如图 4-98 所示。

图 4-98　擦除效果　　　　　　　　　　图 4-99　倒影素材

2.　滤镜法制作倒影

01 按 Ctrl+O 快捷键，打开 "倒影素材.jpg" 这张图片，如图 4-99 所示。

02 双击 "背景" 图层，将其转换为普通图层。

03 选择【图像】|【画布大小】命令，或者按 Ctrl+Alt+C 快捷键，打开 "画布大小" 对话框，更改画布大小为原来高度的两倍，为制作倒影提供画面空间。

04 使用框选工具【 ▢ 】，选择画面，按 Ctrl+J 快捷键复制一层，再按 Ctrl+T 快捷键，垂直翻转复制的图层，如图 4-100 所示。

05 将复制的图层载入选区，以备控制后面滤镜作用的范围。

06 执行【滤镜】|【扭曲】|【置换】命令，将水平和垂直方向的参数都设置为 15 左右，参数设置面板如图 4-101 所示。

图 4-100　垂直翻转效果

图 4-101　置换参数设置面板

07 单击【确定】命令，在打开的对话框中选择给定的置换水面的素材"水倒影素材.psd"，置换效果如图 4-102 所示。

08 可以运用【滤镜】|【滤镜库】|【扭曲】|【玻璃】命令，选择"纹理"设置对话框右侧的倒三角按钮，如图 4-103 所示。选择"载入纹理"命令，同样选择"水倒影素材.psd"素材，以制作出水面波纹。

09 波纹效果过于强烈，看上去并不真实，需要减弱该效果。执行【编辑】|【渐隐】命令，渐隐不透明度设置为 50 左右即可。

图 4-102　倒影效果

图 4-103　玻璃滤镜参数设置面板

4.4 绿树成荫——树木调色和搭配技巧

使用树木配景可以使建筑与自然环境融为一体，因此，在进行室外效果图的后期处理时，必须为场景添加一些树木配景。作为建筑配景的植物种类有乔木、灌木、花丛、草地等，通过不同高矮层次、不同品种、不同颜色、不同种植方式的植物搭配，可以形成丰富多样、赏心悦目的园林景观效果，从而表现出建筑环境的优美和自然，如图 4-104 所示。

4.4.1 树木配景的添加原则

1. 符合规律

树木配景可以分为近景树、中景树、远景树 3 种，分层次地处理好 3 种树木的关系，可以增强效果图场景的透视感。在处理时，要特别注意由近到远的透视关系与空间关系。树木的透视关系主要表现为近大远小，空间关系主要表现为色彩的明暗和对比度的变化，调整好透视关系和空间关系后，还要为树木制作阴影效果，如图 4-105 所示。

在制作阴影效果时，注意处理好树木的受光面和阴影的关系，注意所有的阴影要与场景的光照方向相一致，要有透明感。

图 4-104　不同的植物种类

图 4-105　树木配景

2. 切合实际

添加树木时除了要选择姿态优美的树木素材外，还要符合地域和季节特色，很简单的例子，如果在一个效果图中，即出现了三月开的桃花，池中又有六月开的荷花，这样就不符合实际了，因为桃花和荷花不会在同一个季节开放。

3. 张弛有度

在一个效果图中，我们尽量要营造一个绿树成荫的场景效果，很多人就会理解成树木越多、颜色越绿就越好，其实不然，绿树成荫的前提还是凸现主体建筑，所以树木只要和建筑掩映成趣，在不遮挡的情况下，参差罗列，结合前面讲到的注重空间透视关系、切合实际就可以了，树木的颜色则根据主体建筑适当调整，适当的掺杂一些混合型树木，而不是单一一种颜色和一种树木，做到张弛有度。

4.4.2 树木颜色调整

在前面的章节中讲到过，色彩有色调之分，不同的色调可以表现不同的气氛，也可以表现不同的季节特点，春天的绿色总是嫩嫩的浅绿，夏天是最茂盛的季节，浓荫深绿，秋天开始泛黄，秋意阵阵。总体而言，休闲的生活场所一般使用暖色调，而正式、庄重的场所常常采用冷色调来表现环境气氛。

01　学习树木色彩的调整，把握树木的冷暖色调，首先打开"大树.psd"示例文件，如图 4-106 所示。

02　如果这些树木素材将应用于春夏季节，又是环境优雅的园林、小区、别墅等地方，那么颜色以鲜艳的绿色为主，颜色饱和度较高，加以嫩黄点缀，使树木看起来有生机，营造良好的环境氛围。

03 选择大树所在的图层，按 Ctrl+U 快捷键，打开【色相/饱和度】对话框，调整参数如图 4-107 所示。

图 4-106　树木素材

图 4-107　色相/饱和度参数设置

04 单击【确定】按钮，退出【色相/饱和度】调整对话框，对比效果如图 4-108 所示。

处理前

处理后

图 4-108　处理前后效果对比

05 如果该树木素材将应用于办公场所、商业广场的四周，那么色彩应该偏青蓝色、色调偏冷，饱和度偏低，以突出表现主体建筑的大气、严肃。

06 同样选择大树所在的图层，按 Ctrl+U 快捷键，打开【色相/饱和度】对话框，调整参数如图 4-109 所示。

07 单击【确定】按钮，观察图像，可以看到大树不仅色相调整至偏蓝色，饱和度和明度也降低了，整棵树颜色朴素，色彩偏冷，如图 4-110 所示。

图 4-109　色相/饱和度参数设置

图 4-110　树木调整效果

08 如果树木将应用于不同的季节，表现不同的季节特点，以秋季为例，就需要将树木调整至黄色，以符合秋季树木的色彩特点。

09 按 Ctrl+U 快捷键，打开【色相/饱和度】对话框，调整参数如图 4-111 所示。

10 单击【确定】按钮，退出【色相/饱和度】对话框，树木调色后效果如图 4-112 所示。

图 4-111 色相/饱和度参数设置

图 4-112 树木调色效果

利用调整【色相/饱和度】的方法调整树木的颜色，还可以结合调整【色彩平衡】来完善颜色的调整，总之树木的颜色调整是根据具体的建筑和季节来确定的，从色相、饱和度、明度等三个方面进行调整。

4.4.3 树木受光面的表现方法

树木暴露在光线里，根据光线投射规律，我们知道，树木在受光面和背光面会有一定的光线和颜色的变化，如图 4-113 所示。那么在后期处理的时候，怎样来表现这样一些细微的变化呢？这一节就来学习树木受光面的表现方法。

1. 调整色阶法

01 运行Photoshop CS6软件，按Ctrl+O快捷键，打开示例文件，如图 4-114 所示。

02 单击工具箱中的套索工具【 ⌀ 】，大致建立如图 4-115 所示的选区，作为树木高光的部分。

图 4-113 受光面和背光面的光线表现手法

图 4-114 示例文件

图 4-115 建立选区

03　按 Shift+F6 快捷键，打开羽化像素对话框，设置羽化半径为 50 个像素，然后单击【确定】按钮，退出羽化像素对话框。

04　按 Ctrl+L 快捷键，打开色阶对话框，调整色阶参数如图 4-116 所示。

05　单击【确定】按钮，退出色阶调整对话框，按 Ctrl+D 快捷键，取消选择，最后调整效果如图 4-117 所示，可以看到树冠部分产生了明显的明暗对比。

图 4-116　色阶参数设置

图 4-117　色阶调整效果

不管通过什么方式获取的树木素材，本身都具备一定的明暗关系，在表现其受光效果的同时，不能违背素材本身的明暗关系，如果效果图中场景的光照方向和树木素材本身的光照方向不一致，我们采取"水平翻转树木素材的方法来达成光线表现一致。

2．调整曲线法

曲线调整法和色阶调整法类似，都是通过建立高光部分的选区，然后利用图像调整功能，完成效果制作的。

01　同样打开"常用树.PSD"文件，使用套索工具【 ○ 】，建立树木受光面的选区。

02　按 Shift+F6 快捷键，打开羽化像素对话框，设置羽化半径为 50 像素，然后单击【确定】按钮，退出羽化像素对话框。

03　按 Ctrl+M 快捷键，打开曲线调整对话框，调整曲线如图 4-118 所示，得到如图 4-119 所示的效果。

图 4-118　曲线调整

图 4-119　曲线调整效果

04　按 Ctrl+D 快捷键，取消选择，完成树木受光面的亮度调整。

3. 图层混合法

图层混合法，是利用不同图层之间颜色的差值，经过计算，得到我们所需要的效果一种方法。

01 打开示例文件"常用树.PSD"，选择"图层 2"，单击新建图层按钮【　】，新建一个图层，如图 4-120 所示。

02 设置前景色为橘黄色，色值参考如图 4-121 所示。

图 4-120　新建图层

图 4-121　色值参考

03 单击工具箱中的画笔工具【　】，选择"柔边机械 100 像素"画笔，设置主直径大小为 125 左右，其他参数设置参见工具选项栏，如图 4-122 所示。

图 4-122　画笔参数设置

04 在树木素材受光面绘制如图 4-123 所示的光点。

05 更改图层的混合模式为"叠加"，降低图层的不透明度为 70%，效果如图 4-124 所示。

图 4-123　绘制光点

图 4-124　更改图层属性

4.4.4 行道树"种植"的注意事项

行道树就是种植在道路两侧的树木，这一类树木在后期处理中常见于鸟瞰图，由于鸟瞰图视角在规划区的上方，所以可视范围比较广，道路规划不可避免，如果效果图中道路不利用行道树加以修饰和遮挡，道路会显得很单调和呆板，整个画面也会显得不自然、缺乏美感。

那么在种植行道树的时候我们具体要注意哪些方面呢？

1. 正确的透视规律

在鸟瞰图中，行道树的透视规律表现为近处的植株较大，颜色饱和度较高，远处的植株较小，排列稍微紧密，颜色饱和度较低，在道路的尽头渐隐消失。使道路的消失点和背景融为一体，让人在视觉上产生绵延的遐想。

2. 正确的光线方向

鸟瞰图中同样也满足光线统一的特点，"种植"行道树的时候，要注意树木的受光面和效果图中场景的光照方向保持一致，这样整个画面才会真实。

3. 合理的"种植"方式

行道树"种植"是有一定方法的，根据场景的光线，在同图层复制树木的时候，要顺着光照的方向复制树木，这样产生的树影就不会覆盖在前一棵树木上，我们来看一个简单的实例。

图 4-125　示例文件

01 运行 Photoshop CS6 软件，打开示例文件"昭山.PSD"示例文件，如图 4-125 所示。

02 打开行道树素材，如图 4-126 所示。

03 通过建筑物的投影知道，光线是从右向左照射的，那么行道树的光照方向需要进行调整，按 Ctrl+T 快捷键，调用变换命令，在变换控制框中右击鼠标，选择"水平翻转"命令，如图 4-127 所示。

图 4-126　行道树

图 4-127　水平翻转命令

04 按回车键应用变换。

05 使用移动工具【▸✛】，将行道树素材移动复制到当前效果图操作窗口。

06 将素材移动至如图 4-128 所示的位置，并将其载入选区。

图 4-128　移动并载入选区

07 按住 Alt 键不放，从右往左拖动鼠标，复制当前图像，稀疏有致的排列，如图 4-129 所示。

08 当复制一段以后，将树木素材进行缩小处理，以符合近大远小的规律，如图 4-130 所示，将最后复制的一棵树木移动至下一个路口的拐角处，按 Ctrl+T 快捷键，调用变换命令。

图 4-129　复制图像

图 4-130　缩小树木素材

09 继续复制，效果如图 4-131 所示，可以看到渐远的道路两侧的行道树植株略有缩小，密度也稍有增加。

10 "种植"另外道路一侧的行道树，首先将最后复制的一棵行道树保留，移动到和其他树木不相干的位置，以作为备用，然后按 Ctrl+D 快捷键，取消选择。

11 单击工具箱中的套索工具【🔾】，将如图 4-132 所示红线圈定的树木进行选择。

图 4-131　部分行道树种植效果

图 4-132　选择树木素材

12 按住 Alt 键不放，拖动鼠标复制选区内的树木图像，松开鼠标，按 V 键，转换为移动工具【➤＋】，然后将复制的图像移动至道路的另外一侧，与原来的树木错开，使之看起来随意，如图 4-133 所示。

图 4-133　制作道路另一侧的树木

13　行道树的种植方法大体就是这样，接下来学习远处行道树的虚化。

14　使用放大工具【🔍】，将图像的局部进行放大显示，单击工具箱中的橡皮擦工具【🖊】，设置参数如图 4-134 所示。

图 4-134　橡皮擦参数

15　将消失处的行道树进行擦除，擦除前和擦除后效果对比如图 4-135 所示。

16　行道树的"种植"就完成了。

处理前　　　　　　　　　　　　　　　　　　　处理后

图 4-135　虚化效果

4.4.5 植物修边处理

使用 Photoshop 选择工具"挖出"来的各类配景，难免会在边缘位置产生一圈难看的锯齿线条，特别是植物等配景素材，从而使配景与场景不能很好的融合，影响到建筑效果图的质量，需要通过一定的方法进行处理，下面通过实例进行说明。

01　按 Ctrl+O 快捷键，打开配套光盘提供的"修边素材.jpg"文件，如图 4-136 所示。

02 选择树枝图形。选择工具栏中的魔棒工具 ，在工具选项栏中取消"连续"复选框勾选，在白色背景位置单击，选择白色背景，使用 Ctrl+Shift+I 组合键对图形进行反选，得到树枝选区，按下 Ctrl+J 快捷键创建一个新的图层，如图 4-137 所示。

图 4-136　打开图像　　　　　　　　　　　　　　　图 4-137　复制选区至新建图层

03 查看图像边缘效果。在"图层 1"与"背景"图层之间新建一个图层，并填充深颜色，这时可以清晰地看到素材的白色杂边，如图 4-138 所示。

04 执行【选择】|【色彩范围】命令，打开"色彩范围"对话框，在白色杂边位置单击鼠标，以准确选择这些白色杂边，单击【确定】按钮关闭对话框，按下 Delete 键删除选择的白边，如图 4-139 所示。

图 4-138　在深颜色背景下　　　　　　　　　　　　图 4-139　"色彩范围"对话框

05 使用选择的方法只能去除比较明显的白边，细小的白边仍然残留，如图 4-140 所示。选择【图层】|【修边】|【去边】，设置去边宽度为 1，如图 4-141 所示，单击【确定】按钮关闭对话框，植物就干净整洁了。

图 4-140　去白边后的植物　　　　　　　　　　　　图 4-141　"去边"对话框

06　树枝修边后的最终效果如图 4-142 所示。

图 4-142　修边后的植物

4.5 窗明几净——玻璃材质处理技巧

玻璃是建筑最难表现的材质。与一般的其他材质有固定的表现形式不同，玻璃会根据周围景观的不同有很多变化。同一块玻璃，在不同的天气状况，不同的观察角度，都会看到不同的效果。

玻璃的最大特征是透明和反射，不同的玻璃其反射强度和透明性会不相同。如图 4-143 所示的照片中，高层的玻璃由于反射了天空，使玻璃呈现极高的亮度，较低透明度。建筑低层的玻璃由于周围建筑的遮挡而光线较暗，呈现出极高的透明度和较低的反射度，室内的灯光和景物一览无遗。

图 4-143　建筑玻璃照片

实际使用的玻璃可以分为透明玻璃和反射玻璃两种。透明玻璃透明性好，反射较弱，如图 4-144 所示。透明玻璃由于透出暗的建筑内部，而看起来暗一些。反射玻璃由于表面镀了一层薄膜（又称镀膜玻璃），而呈现极强的反射特性，如图 4-145 所示。

图 4-144　使用透明玻璃的建筑

图 4-145　使用反射玻璃的建筑

4.5.1 透明玻璃处理方法

透明玻璃一般常见于商业街的门面或者家居、别墅的落地窗户，从室内透射出来的暖暖的黄色灯光，给人一种温馨、热闹、繁华的感受，而透明质感则给人一种窗明几净、舒适的感觉。

这样的透明质感的玻璃在后期效果处理中并不困难，只要借助于一定的素材和图层蒙版就可以完成，下面来学习。

首先来看处理之前和处理之后的效果对比，如图 4-146 所示。

处理前

处理后

图 4-146　处理前后效果对比

1. 调整玻璃

01　按 Ctrl+O 快捷键，打开"商业街_start.psd"图像文件。

02　选择魔棒工具【　】，设置参数如图 4-147 所示，去除"连续"复选框勾选

图 4-147　魔棒工具选项栏参数设置

03　单击图层面板眼睛图标【　】，显示通道图层。设置"通道"图层为当前图层，在玻璃蓝色区域单击鼠标，创建玻璃选区，如图 4-148 所示。

04　选择"建筑"图层为当前图层，按 Ctrl+J 快捷键，或执行【图层】|【新建】|【通过复制的图层】命令，将玻璃图像复制至新建图层，重命名为"玻璃"图层，如图 4-149 所示。

图 4-148　选择玻璃区域

图 4-149　创建玻璃图层

05 按 Ctrl+L 快捷键，打开"色阶"对话框，将暗调和高光滑块向中间移动，如图 4-150 扩展玻璃图像色调范围，增强图像的明暗对比，效果如图 4-151 所示。

图 4-150　色阶调整

图 4-151　调整玻璃色调

2. 制作玻璃的透明效果

01 打开配套光盘提供的商业店铺图像，如图 4-152 所示，按 Ctrl+A 快捷键全选，按 Ctrl+C 快捷键复制图像至剪贴板。

02 按 Ctrl 键单击"玻璃"图层缩览图，载入玻璃选区。执行【编辑】|【选择性粘贴】|【贴入】命令，创建得到以当前选区为蒙版的新建图层，按 Shift 键单击蒙版缩览图，关闭蒙版，暂时使蒙版失效，如图 4-153 所示。

图 4-152　商业店铺图片

图 4-153　贴入图像

03 单击图层缩览图，进入图层图像编辑状态，按 Ctrl+T 快捷键，调用变换命令，右击鼠标，选择"透视"命令，拖动变换框角点，透视变换图像，使其透视角度与建筑相同，如图 4-154 所示，按回车键应用变换。

图 4-154　透视变换图像

图 4-155　拖动复制选区

04 按 Ctrl 键单击图层缩览图，选择店铺图像，按 Ctrl+Alt 快捷键水平方向拖动，复制店铺图像如图 4-155 所示。

05 按 Ctrl+T 快捷键，调用变换命令，调整图像如图 4-156 所示。

06 同样的方法制作二楼的玻璃效果。

07 添加人物、汽车、树木等配景，后面的章节将详细讲述，最后效果如图 4-157 所示。

图 4-156　调整大小

图 4-157　透明玻璃效果

4.5.2 反光玻璃处理方法

01 按 Ctrl+O 快捷键，打开"玻璃初始 2.psd"文件，如图 4-158 所示。

02 使用魔棒工具【🪄】，选择颜色材质通道中的玻璃区域，切换到建筑图层，按 Ctrl+J 快捷键，复制玻璃至新的图层。

03 按 Ctrl+O 快捷键，打开一张准备做反光效果的素材图片，如图 4-159 所示。

图 4-158　带玻璃的高层建筑

图 4-159　玻璃反射素材

04 将素材拖动复制到复制玻璃图层的上方，执行【图层】|【剪贴蒙版】命令，或者按 Ctrl+G 快捷键，将素材与玻璃图层进行快速剪切。

05 最后效果如图 4-160 所示。我们可以看见在玻璃的上面，明显的有了外景的反射效果，这样做出来的玻璃就比较接近现实，而不是纯粹的只有半透明效果。

4.6 一米阳光—光线效果表现

美的发现源于生活，清晨的阳光，和着薄薄的雾霭，穿隙而下，是怎样的心旷神怡。傍晚的阳光，暖暖的照射在窗台，又是怎样的温馨浪漫。在后期的处理中，往往会遇到这样的关于光线的处理问题，那么怎样才可以随心所欲地制作出光线呢？

本节将简单介绍光线的几种制作方法，希望起到抛砖引玉的效果。

4.6.1 画笔绘制光束效果

01 运行 Photoshop CS6 软件，打开示例文件，如图 4-161 所示。

图 4-160　玻璃反射效果

图 4-161　示例文件

02 在"图层 7"的下方新建一个图层，准备绘制阳光光束。

03 单击工具箱中的画笔工具【　】，设置参数如图 4-162 所示。

图 4-162　画笔参数

04 设置前景色为黄色，色值参考为#"fdffce"，根据光线照射的方向，绘制如图 4-163 所示的线条。

05 执行【滤镜】|【模糊】|【动感模糊】命令，设置参数如图 4-164 所示，执行效果如图 4-165 所示。

06 更改图层的不透明度为 65%左右，如图 4-166 所示。

图 4-163　绘制光束

图 4-164　动感模糊参数设置

图 4-165　动感模糊效果

图 4-166　更改图层属性

07　为了使阳光看起来真实一些，继续添加一些效果，选择矩形选框工具【　】，在画面中绘制一个长条形的矩形，如图 4-167 所示。

08　单击画笔工具【　】，按住 Shift 键，在图 4-168 所示的圆圈位置单击鼠标，再在矩形选框的结尾处单击鼠标，创建一条直线状的光束。

图 4-167　绘制矩形选框

图 4-168　绘制形状

09　按 Ctrl+D 快捷键，取消选择，执行【滤镜】|【模糊】|【动感模糊】命令，设置模糊角度为 0°，模糊距离为最大。

技巧　执行上一次滤镜命令的快捷键为 Ctrl+F。

10 多次执行该命令，然后变换光束的方向，使之与原来制作的光束方向一致，如图 4-169 所示。

11 复制图像，进行细微的旋转，得到如图 4-170 所示的图像。

图 4-169 旋转光束

图 4-170 复制图像

12 将所有的光束图层进行合并，调整图层的不透明度为 62%，效果如图 4-171 所示。

13 完成光束的制作，最后效果如图 4-172 所示。

图 4-171 光束效果

图 4-172 最后效果

4.6.2 镜头光晕绘制光斑

01 运行 Photoshop CS5 软件，打开示例文件如图 4-173 所示。

02 执行【滤镜】|【渲染】|【镜头光晕】命令，打开镜头光晕参数设置窗口，如图 4-174 所示，设置具体的参数如图 4-175 所示。

图 4-173 示例文件

图 4-174 镜头光晕参数设置窗口

03 单击【确定】按钮，查看添加效果，如图 4-176 所示。

图 4-175 镜头光晕参数设置

图 4-176 镜头光晕效果

 提示 镜头光晕主要是模拟太阳光照射产生的光晕效果，用于晴天且视角为仰视的效果图较多。

4.6.3 动感模糊绘制穿隙效果

01 运行 Photoshop CS6 软件，打开如图 4-177 所示的图像文件，利用滤镜命令给它制作阳光穿隙而下的效果。

02 按 Ctrl+J 快捷键，复制"背景"图层至新的图层，得到"图层 1"。

03 执行【滤镜】|【模糊】|【动感模糊】命令，设置参数如图 4-178 所示，我们将整体图像拉成丝状，便于下一步制作光线效果。

04 单击【确定】按钮，得到如图 4-179 所示的图像效果

05 通过更改图层混合模式，来查看效果，这里我们例举两种模式下的图像仅供参考，如图 4-180 所示。

图 4-177 合谨

图 4-178 "动感模糊"参数设置

图 4-179 "动感模糊"效果

强光模式

浅色模式

图 4-180　不同混合模式

06 根据查看效果，选择最适合的图像继续进行调整，这里选择线条最明显的"浅色"模式下的图像。

07 为保护图像完整，为复制的图层添加图层蒙版。

08 在工具箱中单击橡皮擦工具【　】，设置前景色为白色，设置画笔参数如图 4-181 所示。

图 4-181　画笔参数设置

09 根据需要调整画笔主直径的大小，在产生黑影的地方进行擦除，保留光线即可，最后效果如图 4-182 所示。

图 4-182　光线效果

4.7 四通八达——马路、斑马线处理技巧点拨

道路和斑马线的处理，通常都是联系在一起，不仅要表现道路的质感，还要通过斑马线来强化道路的透视关系。一般道路的处理包括纹理和颜色的深浅处理，常用到的命令为：添加杂色、高斯模糊、色

阶等，而斑马线一般会用到连续复制，变形命令等。

接下来以一个简单的实例来介绍道路和斑马线的处理方法。

01 按 Ctrl+O 快捷键，打开"道路初始.psd"示例文件，如图 4-183 所示。

02 按 Ctrl+Shift+N 组合键，新建一个图层，命名为"斑马线"。

03 选择矩形选框工具【 ▢ 】，绘制出一个斑马线的白色条纹，Ctrl+J 快捷键复制白色条纹，然后按 Ctrl+T 快捷键，调用变换命令，但此时不需要调整其大小，而是按 Shift+↓组合键，垂直方向移动白色条纹。

04 按 Ctrl+Shift+Alt+T 组合键，等距离连续复制出一条斑马线，如图 4-184 所示。

05 根据道路的透视关系，按 Ctrl+T 快捷键调整斑马线的方向，注意近大远小的关系，如图 4-185 所示。

图 4-183　道路初始文件　　　　　　图 4-184　斑马线　　　　　　图 4-185　变换的斑马线

06 复制 2 条斑马线，再按 Ctrl+T 快捷键，调整斑马线的方向，如图 4-186 所示。

07 选择斑马线消失点处的 3 段白色条纹，执行【编辑】|【变换】|【变形】命令，制作出斑马线临近消失点的弯曲效果。同样的方法制作另外两条线的弯曲效果，如图 4-187 所示。

图 4-186　复制 2 条斑马线　　　　　　　　图 4-187　消失点的弯曲效果

08 处理路面的关系。选择路面，执行【滤镜】|【杂色】|【添加杂色】命令，杂色参数设置为 10 左右，根据具体的情况而定。

09 使用加深工具【 ◉ 】，按住 Shift 键，单击起始点和结束点，制作路面车辆经过后，马路颜色加深的效果，同样的方法，使用减淡工具【 ◉ 】，按住 Shift 键，单击起始点和结束点，制作路面斑马线附近路面颜色偏浅的效果，如图 4-188 所示。

<u>10</u>　使用框选工具【░】，选择离视线较远的道路一端，羽化 100 个像素，执行【滤镜】|【模糊】|【高斯模糊】命令，将远处道路的纹理模糊。

<u>11</u>　选择"道路"图层，按 Q 键进入快速编辑模式，再使用渐变工具【▨】，从道路的消失点开始往视线的起始端拉伸，再按 Q 键退出快速编辑模式，得到一个选区。

<u>12</u>　按 Ctrl+L 快捷键，打开色阶调整对话框，将近处的道路提亮，按 Ctrl+Shift+I 组合键反选选区，将远处的道路压暗。

<u>13</u>　调整道路的颜色，使之与右边的道路相一致，最后效果如图 4-189 所示。

图 4-188　加深减淡后的道路效果

图 4-189　道路最终效果

道路的效果基本就完成了，一般在后期处理中，为了增加其真实程度，还会在道路上加上来回奔驰的汽车和路边的树影等，在这里就不赘述了。

4.8 霓虹闪烁—霓虹灯制作技巧点拨

每当夜幕降临，城市就会隐现在霓虹闪烁的灯光中，这奇妙的景象，斑斓的色彩总是勾起人们对城市生活的向往，如图 4-190 所示为城市灯火辉煌的情景，如图 4-191 所示为城市交通车流涌进、流线优美的真实写照，那么在后期处理中怎么样来表现这一些奇妙的景象呢？这就是本节将要探讨的话题。

图 4-190　城市霓虹

图 4-191　车流线

4.8.1 外置画笔绘制霓虹灯

除了软件自身携带的一些笔刷之外，还可以去网上下载一些合适的笔刷，将下载的笔刷据为己用，也是一种提高工作效率行之有效的方法。

在本例中将使用到光域网画笔制作霓虹灯光。

01 运行 Photoshop CS6 软件，打开如图 4-192 所示的图像文件。

02 单击工具箱中的画笔工具【　】，在工具选项栏中单击画笔工具右侧的倒三角按钮，如图 4-193 所示。

图 4-192　示例文件

图 4-193　画笔工具选项栏

03 在打开的画笔设置面板中，单击右侧的三角形按钮，选择"载入画笔"命令，如图 4-194 所示。

04 浏览到放置笔刷的文件夹，选择需要载入的笔刷单击载入，如图 4-195 所示。

05 在工具选项栏中单击画笔工具右侧的倒三角按钮，打开画笔设置面板，可以看到里面已经添加如图 4-196 所示的一些新的笔刷形状。

图 4-194　载入画笔命令

图 4-195　载入笔刷对话框

06　载入笔刷成功以后，下面开始绘制霓虹灯，首先按 Ctrl+Shift+N 组合键，新建一个图层，命名为"霓虹灯"。

07　单击画笔工具【✎】，笔刷选择"上射灯"，如图 4-197 所示。

图 4-196　新增笔刷

图 4-197　笔刷

08　设置前景色为红色，色值参考为#"ff0000"，在如图 4-198 所示的位置单击画笔，得到如图 4-199 所示的效果。

图 4-198　鼠标单击位置

图 4-199　笔刷绘制效果

09　根据建筑的窗口朝向，调整灯光的透视关系，如图 4-200 所示。

10 按回车键应用变换，效果如图 4-201 所示。

图 4-200　自由变换

图 4-201　旋转效果

11 按 Ctrl+Shift+N 组合键，新建一个图层，设置前景色为蓝色，色值参考为 #"00bbfe"，同样绘制这样的灯光，效果如图 4-202 所示。

12 参照上述方法绘制绿色灯光，如图 4-203 所示。

图 4-202　蓝色灯光效果

图 4-203　绘制绿色灯光

13 单击工具箱中的多边形套索工具【 ⬚ 】，沿着建筑的边缘建立选区，如图 4-204 所示。

14 按下 Delete 键，删除多余的灯光，如图 4-205 所示。

图 4-204　使用多边形套索工具

图 4-205　删除多余灯光

15 按住 Shift 键，单击"图层 1"，再单击"图层 3"，将这三个图层全部选择，然后更改图层的不透明度为 64%，如图 4-206 所示。

16 到这里霓虹灯制作完成，最后效果如图 4-207 所示。

图 4-206 调整图层属性　　　　　　　　　　图 4-207 霓虹灯效果

4.8.2 图层样式制作发光字

我们常常看到繁华的街道两侧，处处都是发光字招牌，给夜晚的街道营造了一种温馨、热闹的气氛，成为了一道亮丽的风景线，那么这些发光字招牌在后期处理中应该如何来制作呢？这里介绍一种简单的方法，利用图层样式来制作发光字。

01 运行 Photoshop CS6 软件，打开示例文件，如图 4-208 所示。

02 单击工具箱中的文字工具【 T 】，在画布上进行单击，输入汉字"阿玛妮中西餐厅"，如图 4-209 所示。

图 4-208 都市霓虹　　　　　　　　　　图 4-209 输入汉字

03 双击文字图层，在工具选项栏中单击【 ▤ 】按钮，设置文字的属性如图 4-210 所示。

04 观察图像可知，发光文字刚好处于弧形建筑上，所以相应的文字也要依据建筑产生这样的弧度，看上去才真实。

05 单击工具选项栏中的【 ⬧ 】按钮，设置文字变形的参数如图 4-211 所示。

图 4-210　文字属性设置　　　　　　　　　　图 4-211　文字变形参数

06　单击【确定】按钮，查看文字变形效果如图 4-212 所示。

07　单击图层面板下方的【 *fx* 】按钮，在弹出的菜单中选择"混合选项"命令，如图 4-213 所示。

图 4-212　文字变形效果　　　　　　　　　　图 4-213　混合选项命令

08　打开混合选项面板，在混合选项列表中选择"外发光"选项，设置参数如图 4-214 所示，效果如图 4-215 所示。

图 4-214　外发光样式参数设置　　　　　　　图 4-215　外发光样式

09　在混合选项中单击"渐变叠加"选项，打开"渐变叠加"选项参数设置面板，如图 4-216 所示。

10　单击渐变条，弹出渐变编辑器，如图 4-217 所示。

图 4-216　"渐变叠加"参数设置面板

图 4-217　渐变编辑器

11 在渐变编辑器中，渐变类型选择"杂色"，这样制作出来的渐变效果变幻效果会更佳，粗糙程度保持默认设置 50%，然后单击【随机化】按钮，如图 4-218 所示。

12 在给文字添加渐变的时候，可以一边预览效果，一边调整颜色，如图 4-219 所示。

图 4-218　杂色随机化

图 4-219　预览效果

13 当觉得颜色够鲜明、够好看的时候，单击【确定】按钮，完成文字颜色渐变效果的制作，如图 4-220 所示。

14 给发光字添加一个边框，最后效果如图 4-221 所示。

15 发光字效果制作完成。

图 4-220　渐变叠加效果

图 4-221　添加边框效果

4.9 人来人往——人物配景添加技巧点拨

在进行室外效果图后期处理时，适当地为场景添加人物是必不可少的。因为人物配景的大小为建筑尺寸的体现提供了参照。添加人物配景，不仅可以烘托主体建筑、丰富画面、增加场景的透视感与空间感，还使得画面更加贴近生活，富有生活气息。

下面以一个具体的实例介绍人物添加的方法和注意事项，添加前后对比效果如图 4-222 所示。

添加前

添加后

图 4-222　添加人物素材前后效果对比

在添加人物配景时，需要注意以下几点：

➢　所添加人物的形象和数量要与建筑的风格相协调；

➢　人物与建筑的透视关系以及比例关系要一致；

➢　为人物制作的阴影要与建筑的阴影相一致，还要有透明感。

4.9.1 建立视平参考线

在添加人物配景之前，首先应确定场景视平线的位置，并建立参考线，以方便调整人物的大小和高度，使整个场景的人物高度保持统一。

确定场景视平线高度有多种方法，比较常用的方法是在场景中选定一个参考物，然后以该参考物为依据创建视平参考线。例如建筑窗台的高度一般在 1.0～1.8m 范围，而视平线的高度在 1.65m 左右，如图 4-223 所示的建筑为公共建筑，在窗台稍高的位置创建一条水平参考线，即得到视平参考线。

根据计算机的远近法表现出的渲染图像，是从固定的观察点进行观察得到的。因此透视图像中的地平线（灭点的连线）就是观察点的高度。

新建一个图层，使用直线工具绘制透视延长线，延长线的交汇点即为透视灭点，通过该点创建水平参考线，即得到视平参考线，如图 4-224 所示。

图 4-223 根据参考物确定视平参考线

图 4-224 根据建筑延长线确定视平线

4.9.2 添加人物并调整大小

在建立了视平参考线后，就可以添加人物图像了。在添加之前，应根据建筑的出入口位置和步行道方向，确定人物的流向，从而使人物配景整齐而有序，而不是任意放置，本场景的人物走向如图 4-225 所示。建筑入口位置可以多放置一些，整体做到有疏有密、形式多样，切合建筑表现的需要。

01 按 Ctrl+O 键，打开配套光盘提供的人物图像素材，如图 4-226 所示。

图 4-225 确定人物的走向

图 4-226 人物素材

注意 近景的人不能在画面的中间出现，否则会削弱中心，干扰视线。

02 添加近处的人物。将提公文包人物图像添加至画面左下角，按 Ctrl+T 快捷键调整人物大小，人物顶端与视平参考线对齐，如图 4-227 所示。

03 确定人物的位置、尺寸和方向后，接下来调整色彩。放大人物显示后可以发现人物的边缘有一圈白边，如图 4-228 所示。

图 4-227　添加并调整人物大小

图 4-228　白色杂边

04 执行【图层】|【修边】|【去边】命令，去除两像素白色边缘，结果如图 4-229 所示。

05 添加步行道和建筑入口位置的人物，如图 4-230 所示，注意人物的走向。入口附近的人应比其他地方的人多。

图 4-229　去边结果

图 4-230　添加左侧其他人物

 提示　执行【图层】|【修边】|【移去黑色杂边】或【移去白色杂边】，可以分别去除黑色和白色杂边。

06 对于需要调整方向的人物，可以按 Ctrl+T 快捷键，调用变换命令，然后单击鼠标右键，打开如图 4-231 所示的变换菜单，从中选择"水平翻转"命令。

07 选择【水平翻转】命令，调整人物走向如图 4-232 所示。

图 4-231　打开变换菜单

图 4-232　调整人物方向

08 添加画面中间区域的人物，如图 4-233 所示，以突出画面中心。人物的走向与前面保持统一，人物高度为视平参考线高度。

09 继添加画面右侧的人物，如图 4-234 所示。

图 4-233　添加画面中间人物

图 4-234　添加画面右侧人物

4.9.3 调整亮度和颜色

对于放进来的人物素材，应进行饱和度色彩调整，使整个场景和谐统一，阴影区域的人物应降低亮度，阳光区域的人物应提高亮度。

01 选择阴影区域人物图层，按 Ctrl+U 快捷键，打开"色相/饱和度"对话框，将明度和饱和度滑块向左移动，降低人物的亮度，如图 4-235 所示。

02 降低阴影区域其他人物的亮度和饱和度，如图 4-236 所示。

03 对于部分处于建筑阴影中的人物，使用套索工具选择进行调整，如图 4-237 所示。

图 4-235　降低阴影中人物亮度和饱和度

图 4-236　调整阴影中的其他人物

4.9.4 制作阴影和倒影

为人物添加阴影，可使人物与地面自然融合，否则添加的人物就会给人以飘浮在空中的感觉。

01 选择人物所在的图层为当前图层，按 Ctrl+J 快捷键复制图层，按 Ctrl ＋ "[" 快捷键将复制的副本图层向下移动一层，调整至原人物图层下方。

02 按 Ctrl+T 快捷键，开启自由变换，按 Ctrl 键拖动变换框上边框中间控制点，变换图像如图 4-238 所示。

图 4-237　选择调整人物局部区域

03 按 Ctrl+U 快捷键，打开"色相/饱和度"对话框，将明度滑块移动至滑杆左端，将图像调整为黑色，如图 4-239 所示。

图 4-238　复制图层并变换

04 建筑阴影中的人物阴影轮廓过于清晰，需要进行模糊处理。执行【滤镜】|【模糊】|【高斯模糊】命令，打开"高斯模糊"对话框，设置模糊半径为 1 像素，进行轻微模糊处理，如图 4-240 所示。

图 4-239　调整为黑色

图 4-240　高斯模糊处理

05 人物阴影应具有一定的透明度，这里设置"填充"为 60%，如图 4-241 所示，即得到比较逼真的人物阴影效果。

4.9.5 添加动感模糊效果

对于近景的人物素材应添加运动模糊效果，或降低图层不透明度，以避免分散观察者对建筑的注意力。

01 选择近景人物所在图层为当前图层，执行【滤镜】|【模糊】|【动感模糊】命令，打开"动感模糊"对话框，设置模糊参数如图 4-242 所示。

图 4-241　降低图层不透明度

图 4-242　动感模糊处理

02 使用同样的方法，为近景其他人物制作动感效果，如图 4-243 所示。从而完成整个建筑场景人物配景的添加工作。

图 4-243　模糊处理其他近景人物

4.9.6 人物添加的注意事项

1. 调整正确的人物大小

错误的人物尺寸可能会使小型建筑物看起来高大，相反也可能会导致大规模的建筑物看起来矮小，从而失去人物作为正确建筑尺寸参考的作用，也就失去了添加人物素材的最初意义。

2. 调整正确的人物方向

尽量避免添加与计划中人物走向不符合的人物，这样会使效果图显得极不自然。

3. 不要遮挡观察者的视线

人物不宜放置在太显眼的位置，以免遮挡观察者的视线，也不要使用太显眼的人物素材，以免分散观察者的注意力。

4. 使用符合建筑物用途的人物素材

在办公楼前使用穿正装的人物，学校建筑前使用学生人物素材，居民设施前使用温馨的家庭人物，如图 4-244 所示。

图 4-244　民居建筑使用的人物素材

此外，人物素材也需要符合建筑的区域和特色，比如欧洲建筑宜使用欧洲人物素材，如图 4-245 所示。

图 4-245　办公建筑宜使用正装人物素材

办公楼建筑宜使用正装人物素材，如图 4-246 所示。

图 4-246　欧洲建筑使用欧洲人物素材

阿拉伯建筑宜使用阿拉伯人物素材，如图 4-247 所示。

图 4-247　阿拉伯建筑使用阿拉伯人物素材

第3篇 实战篇

彩色户型图制作

户型图是房地产开发商向购房者展示楼盘户型结构的重要手段。随着房地产开发业的飞速发展，对户型图的要求也越来越高，真实的材质和家具模块被应用到户型图中，从而使购房者一目了然。

户型图制作流程如下：

（1）整理 CAD 图样内的线。除了最终文件中需要的线，其他的线和图形都要删除。

（2）使用已经定义的绘图仪类型将 CAD 图样输出为 EPS 文件。

（3）在 Photoshop 中导入 EPS 文件。

（4）填充墙体区域。

（5）填充地面区域。

（6）添加室内家具模块。

（7）最终效果处理。

第 5 章

5.1 从户型图中输出 EPS 文件

户型图一般都是使用 AutoCAD 设计的，要使用 Photoshop 对户型图进行上色和处理，必须从 AutoCAD 中将户型图导出为 Photoshop 可以识别的格式，这是制作彩色户型图的第一步，也是非常关键的一步。

5.1.1 添加 EPS 打印机

从 AutoCAD 导出图形文件至 Photoshop 中的方法较多，可以打印输出 TIF、BMP、JPG 等位图图像，也可以输出为 EPS 等矢量图形。

这里介绍输出 EPS 的方法，因为 EPS 是矢量图像格式，文件占用空间小，而且可以根据需要自由设置最后出图的分辨率，以满足不同精度的出图要求。

将 CAD 图形转换为 EPS 文件，首先必须安装 EPS 打印机，方法如下：

01 启动 AutoCAD，打开配套光盘提供的"平面布置图.dwg"文件，如图 5-1 所示。

图 5-1　打开 AutoCAD 图形文件

02 在 AutoCAD 中执行【文件】|【绘图仪管理器】命令，打开 Plotters 文件夹窗口，如图 5-2 所示，该窗口用于添加和配置绘图仪和打印机。

图 5-2　打开绘图仪文件夹

03 双击"添加绘图仪向导"图标，打开添加绘图仪向导，首先出现的是简介页面，如图 5-3 所示，对添加绘图仪向导的功能进行了简单介绍，单击【下一步】按钮。

<u>04</u> 在打开的"添加绘图仪—开始"对话框中选择"我的电脑"选项，如图 5-4 所示，单击【下一步】按钮。

图 5-3　添加绘图仪—简介　　　　　　　　　图 5-4　添加绘图仪—开始

<u>05</u> 选择绘图仪的型号，这里选择"Adobe"公司的"PostScript Level 2"虚拟打印机，如图 5-5 所示，单击【下一步】按钮。

<u>06</u> 在弹出的"添加绘图仪—输入 PCP 或 PC2"对话框中单击【下一步】按钮，如图 5-6 所示。

图 5-5　添加绘图仪—绘图仪型号　　　　　　图 5-6　添加绘图仪—输入 PCP 或 PC2

<u>07</u> 选择绘图仪的打印端口，这里选择"打印到文件"方式，如图 5-7 所示。

<u>08</u> 绘图仪添加完成，输入绘图仪的名称以区别 AutoCAD 其他绘图仪，如图 5-8 所示，单击【下一步】按钮。

图 5-7　添加绘图仪—端口　　　　　　　　　图 5-8　添加绘图仪—绘图仪名称

<u>09</u> 单击【完成】按钮，结束绘图仪添加向导，完成 EPS 绘图仪的添加，如图 5-9 所示。

10 添加的绘图仪显示在 Plotters 文件夹窗口中，如图 5-10 所示，这是一个以 pc3 为扩展名的绘图仪配置文件，在"打印"对话框中可以选择该绘图仪作为打印输出设备。

图 5-9　添加绘图仪—完成

图 5-10　生成绘图仪配置文件

5.1.2 打印输出 EPS 文件

为了方便 Photoshop 选择和填充，在 AutoCAD 中导出 EPS 文件时，一般将墙体、填充、家具和文字分别进行导出，然后在 Photoshop 中合成。

1. 打印输出墙体图形

打印输出墙体图形时，图形中只需保留墙体、门、窗图形即可。其他图形，可以通过关闭图层方法隐藏显示，如轴线、文字标注等。

为了方便在 Photoshop 中对齐单独输出的墙体、填充和文字等图形，需要在 AutoCAD 中绘制一个矩形，确定打印输出的范围，以确保打印输出的图形大小相同。

01 选择"图层 0"为当前图层，在 AutoCAD 命令窗口中输入 REC 命令，或单击绘图工具栏矩形绘图按钮【□】，绘制一个比平面布置图略大的矩形，如图 5-11 所示，以确定打印的范围。

图 5-11　绘制矩形

02 在"图层"工具栏下拉列表中关闭"地面"、"尺寸标注"、"文字"等图层，仅显示"0"、"墙体"、"门"、"窗"、"楼梯"几个图层，如图 5-12 所示。

图 5-12　关闭图层

03 执行【文件】|【打印】命令，打开"打印"对话框，在"打印机/绘图仪"下拉列表框中，选择前面添加的"EPS 绘图仪.pc3"作为输出设备，如图 5-13 所示步骤 1。

04 选择"ISO A3(420.00×297.00 毫米)"图纸作为打印图纸，如图 5-13 所示步骤 2。

05 在"打印范围"列表框中选择"窗口"方式，以便手工指定打印区域，如图 5-13 所示步骤 3。

06 在"打印偏移"选项组中选择"居中打印"选项，使图形打印在图纸的中间位置如图 5-13 所示步骤 4。

07 选择"打印比例"选项组的"布满图纸"选项，使 AutoCAD 自动调整打印比例，使图形布满整个 A3 图纸，如图 5-13 所示步骤 5。

08 在"打印样式表"下拉列表框中选择 Grayscale.ctb 颜色打印样式表，如图 5-13 所示步骤 6。在弹出的"问题"对话框中单击【是】按钮。monochrome.ctb 样式表将所有颜色的图形打印为黑色，在 Photoshop CS6 中将得到黑色的线条，使图形轮廓清晰。

图 5-13　"打印"对话框

提示

打印样式的作用就是在打印时修改图形的外观。AutoCAD 有两种类型的打印样式：颜色相关样式 (CTB) 和命名样式 (STB)。CTB 样式类型以 255 种颜色为基础，通过设置与图形对象颜色对应的打印样式，使得所有具有该颜色的图形对象都具有相同的打印效果。例如，可以为所有用红色绘制的图形设置相同的打印笔宽、打印线型和填充样式等特性。

09 在"打印选项"列表框中选择"按样式打印"选项，使选择的打印样式表生效。

10 指定打印样式表后，可以单击右侧的编辑按钮【 】，打开"打印样式表编辑器"，对每一种颜色图形的打印效果进行设置，包括颜色、线宽等，如图 5-14 所示，这里使用默认设置。

11 在"图形方向"选项组中选中"横向"选项，使图纸横向方向打印。

12 单击"打印区域"选项组的【窗口】按钮，在绘图窗口分别捕捉矩形两个对角点，指定该矩形区域为打印范围，如图 5-15 所示。

图 5-14　指定对象线宽

图 5-15　在图像窗口指定打印区域

13 指定打印区域后，系统自动返回"打印"对话框，单击左下角【预览】按钮，可以在打印之前预览最终打印效果，如图 5-16 所示。

14 如果在打印预览中没有发现什么问题，即可单击 按钮开始打印，系统自动弹出"浏览打印文件"对话框，选择"封装 PS(*.eps)"文件类型并指定文件名，如图 5-17 所示。

图 5-16　预览打印效果

图 5-17　保存打印文件

15 单击【保存】按钮，即开始打印输出，并出现如图 5-18 所示的打印进度对话框。墙体图形打印输出完成。

2．打印家具图形

01 关闭"墙体"、"窗"、"门"、"楼梯"等图层，重新打开"家具"、"设备"、"绿化"等图层，显示图形如图 5-19 所示。

图 5-18　"打印作业进度"对话框　　　　　　　　图 5-19　仅显示家具图形

02 按 Ctrl+P 快捷键，再次打开"打印"对话框，保持原来参数不变，单击【确定】按钮开始打印，打印文件保存为"户型图_家.eps"文件，如图 5-20 所示。

图 5-20　保存文件　　　　　　　　　　　图 5-21　仅显示地面图形

3．打印输出地面图形

使用同样的方法控制图层开/关，使图形显示如图 5-21 所示。按 Ctrl+P 快捷键，打印输出"户型图_地面.eps"文件。

4．打印输出文字、标注图形

使用同样的方法打印输出文字标注、尺寸标注图形，图层设置如图 5-22 所示。AutoCAD 图形全部打印输出完毕。

图 5-22　仅显示文字和标注图形

5.2 室内框架的制作

墙体是分隔各室内空间的主体，它将室内空间划分为客厅、餐厅、厨房、卧室、卫生间、书房等空间、功能相对独立的封闭区域。使用魔棒工具【】将各面墙体选择出来，并填充相应的颜色，室内各空间即变得清晰而明朗。

5.2.1 打开并合并 EPS 文件

EPS 文件是矢量图形，在着色户型图之前，需要将矢量图形栅格化为 Photoshop CS6 可以处理的位图图像，图像的大小和分辨率可根据实际需要灵活控制。

> **技巧** 宽度、高度和分辨率参数设置得越高，栅格化所得的图像就会越大。

1. 打开并调整墙体线

01 运行 Photoshop CS6，按下 Ctrl+O 快捷键，打开"户型图_墙体.eps"文件，单击【打开】按钮。

02 系统弹出"栅格化通用 EPS 格式"对话框，以设置转换矢量图形为位图图像的参数，用户可以根据户型图打印输出的目的和大小，设置相应的参数，如图 5-23 所示。

03 栅格化 EPS 后，得到一个背景为透明的位图图像，如图 5-24 所示。

图 5-23　设置栅格化 EPS 参数　　　　图 5-24　栅格化 eps 文件结果

> **提示** 如果将 AutoCAD 图形打印输出为 TIF、BMP 等位图格式，会得到白色的背景，在制作户型图时，首先要使用选择工具将白色背景与户型图进行分离。

04 透明背景的网格显示不便于图像查看和编辑，按 Ctrl 键单击图层面板新建按钮【】，在"图层 1"下方新建"图层 2"图层。设置背景色为白色，按 Ctrl+Delete 键填充，得到白色背景，如图 5-25 所示。

> **技巧** 默认情况下，新建图层会置于当前图层的上方，并自动成为当前图层。按下 Ctrl 键单击创建新图层按钮【】，则在当前图层下方创建新图层。

图 5-25　新建图层并填充白色

05 选择"图层 2"为当前图层，执行【图层】|【新建】|【背景图层】命令，将"图层 2"转换为背景图层。背景图层不能移动，可以方便图层选择和操作。

06 填充白色背景后，会发现有些细线条颜色较淡，不够清晰，需要进行调整。选择"图层 1"为当前图层，按 Ctrl+U 快捷键打开【色相/饱和度】对话框，将明度滑块移动至左侧，调整线条颜色为黑色，如图 5-26 所示。

07 将"图层 1"重命名为"墙体线"图层，单击图层面板【🔒】按钮，锁定"墙体线"图层，如图 5-27 所示，以避免图层被误编辑和破坏。

图 5-26　调整图像亮度　　　　　　　　　　图 5-27　锁定图层位置

 除了颜色调整的方法外，也可以使用添加"颜色叠加"图层样式(如图 5-28 所示)和填充的方法(填充时应按下图层面板【🔲】按钮，锁定透明像素)，将线条调整为黑色。

08 选择【文件】|【存储为】命令，将图像文件保存为"彩色户型图.psd"。

2. 合并家具和地面 EPS 图像

01 按 Ctrl+O 快捷键，打开"户型图_家具.eps"图形，使用相同的参数(如图 5-23 所示)进行栅格化，得到家具图形，如图 5-29 所示。

图 5-28　颜色叠加参数设置

图 5-29　家具和地面图形

02　选择移动工具【▶✛】，按住 Shift 键拖动家具图形至墙体线图像窗口，墙体与家具地面图形自动对齐，新图层重命名为"家具"。

03　使用同样的方法栅格化"户型图_地面.eps"文件，按 Shift 键将其拖动复制到户型图图像窗口，新图层重命名为"地面"图层，此时图层面板和图像窗口如图 5-30 所示。

图 5-30　调入家具和地面图形

5.2.2 墙体的制作

01　按 Ctrl+Shift+N 组合键，新建"墙体"图层，如图 5-31 所示。选择"墙体"图层为当前图层。

图 5-31　新建墙体图层

02　选择工具箱魔棒工具【🪄】，在工具选项栏中设置参数如图 5-32 所示。选择"对所有图层取样"复选框，以便在所有可见图层中应用颜色选择，避免反复在"墙体"和"墙体线"图层之间切换。

图 5-32　设置魔棒工具参数

03　在墙体区域空白内单击鼠标，选择墙体区域，相邻的墙体可以按 Shift 键一次选择，如图 5-33 所示。

04　按 D 键恢复前/背景色为默认的黑/白颜色，按 Alt+Delete 快捷键填充黑色，如图 5-34 所示。

图 5-33　选择墙体区域

图 5-34　填充墙体

05　使用同样的方法，完成其他墙体的填充，如图 5-35 所示。

5.2.3 窗户的制作

户型图中的窗户一般使用青色填充表示。

01　新建"窗户"图层并设置为当前图层，选择前景色为"#3cc9d6"。

02　按 Shift+G 快捷键，切换至油漆桶工具【🪣】，在工具选项栏中选择"所有图层"复选框。

03　移动光标至墙体窗框位置，在窗框线之间空白区域单击鼠标，填充前景色如图 5-36 所示，这样油漆桶工具能够将填充范围限制在窗框线之间的空白区域。

图 5-35　完成其他墙体填充

图 5-36　填充窗户

04　使用同样的方法填充其他窗框区域，如图 5-37 所示，完成户型图窗户的制作。

图 5-37　填充其他窗框区域

5.3 地面的制作

　　为了更好地表现整个户型的布局和各功能区域的划分，准确的填充地面就显得非常必要。在填充地面时应注意两点，一是选择地面要准确，对于封闭区域可使用魔棒工具【🪄】，未封闭区域则可以先绘制线条封闭，或结合矩形选框工具【▣】和多边形套索工具【◹】进行封闭再选择；二是使用的填充材质要准确，比例卧室一般都使用木地板材质，以突出温馨、浪漫的气氛，而不宜使用色调较冷的大理石材质。在填充各个地面时，应使整体色调协调。

　　在制作地面图案时，这里推荐使用图层样式的图案叠加效果，因为该方法可以随意调节图案的缩放比例，而且可以方便地在各个图层之间复制。除此之外，还可以将样式以单独的文件进行保存，以备将来调用。

5.3.1 创建客厅地面

1．创建客厅地面填充图案

　　客厅地面一般铺设"800×800"或"600×600"的地砖，为了配合整体效果，这里只创建接缝图案，并填充一种地砖颜色。

　　01 选择"地面"图层为当前图层，选择工具箱直线工具【╱】，按下工具选项栏填充像素按钮【▢】，设置粗细为 1 像素，如图 5-38 所示。

图 5-38　直线工具参数设置

　　02 设置前景色为黑色，沿客厅地砖分隔线绘制两条直线，如图 5-39 所示。

图 5-39　绘制直线

03 选择工具箱矩形选框工具【▭】，选择客厅地面一块地砖选区，如图 5-40 所示。

04 单击图层面板"背景"图层左侧眼睛图标，隐藏白色背景。

05 执行【编辑】｜【定义图案】命令，创建"800×800 地砖线"图案，如图 5-41 所示。地砖图案创建完成。

图 5-40　创建矩形选区　　　　　　　　　　　　图 5-41　创建地砖分隔线图案

2. 封闭客厅空间

01 为了便于选择各个室内区域，暂时隐藏"地面和家具"图层，如图 5-42 所示。

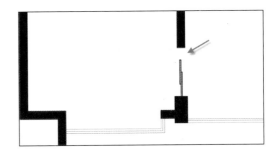

图 5-42　隐藏图层　　　　　　　　　　　　　　图 5-43　推拉门缺口

02 客厅位于户型图的左侧，选择工具箱魔棒工具【✦】，移动光标至客厅区域单击鼠标，会发现右侧的露台区域也会被同时选择，这是由于客厅右侧的推拉门为半开状态，使客厅区域未能完全封闭，如图 5-43 所示。

03 新建"封闭线"图层，选择工具箱直线工具【◥】，在推拉门位置绘制一条封闭线，如图 5-44 所示。

3. 创建客厅地面

01 再次选择魔棒工具【✦】，在客厅位置单击鼠标，创建客厅区域选区。

图 5-44　绘制封闭线

02 新建"客厅地面"图层，设置前景色为#"f0f7bd"，按 Alt＋Delete 快捷键填充，得到如图 5-45 所示效果。

03 执行【图层】｜【图层样式】｜【图案叠加】命令，打开"图层样式"对话框，在"图案"列表框中选择前面自定义的"800×800 地砖线"图案，设置缩放为 100%，如图 5-46 所示。

图 5-45　填充颜色

图 5-46　图案叠加参数设置

技巧　在设置图案叠加参数时，可以在图像窗口中拖动鼠标，调整填充图案的位置。

04　添加图案叠加图层样式效果如图 5-47 所示，客厅地面制作完成。

05　选择工具箱矩形选框工具【 ▢ 】，选择客厅入口大门区域，如图 5-48 所示，该区域也应该填充地砖图案。

图 5-47　添加图案叠加效果

图 5-48　创建矩形选区

06　按 Alt+Delete 键填充前景色，结果如图 5-49 所示。

07　选择"封闭线"图层为当前图层，设置前景色为黑色，选择工具箱直线工具【 ＼ 】，在门开口位置绘制封闭线，如图 5-50 所示。封闭线用于分隔两种不同的地面材料。

图 5-49　填充选区

图 5-50　绘制封闭线

5.3.2 创建餐厅地面

01 选择"封闭线"图层为当前图层，选择工具箱直线工具【＼】，在各门口和过道、餐厅分界区域绘制分隔线，如图 5-51 所示。

图 5-51　绘制封闭线

02 选择工具箱魔棒工具【⚲】，在餐厅位置单击鼠标，选择餐厅区域。

03 新建"餐厅地面"图层，设置前景色为 #"d7e4a9"，按 Alt+Delete 快捷键填充选区，如图 5-52 所示。

04 在图层面板中按 Alt 键拖动"客厅地面"【ƒx】图标至"餐厅地面"图层上方，复制图层样式，得到相同的地砖分隔线图案，如图 5-53 所示。

图 5-52　填充选区

图 5-53　复制图层样式

5.3.3 创建过道地面

过道地面为大理石拼花，这里重点介绍地面拼花图案的制作方法。

01 新建"过道地面"图层。选择油漆桶工具【🪣】，在过道地面填充与餐厅地面相同的颜色，如图 5-54 所示。

02 重新显示"地面"图层，选择工具箱多边形套索工具【🖉】，沿拼花图案边界线，选择拼花图案区域，如图 5-55 所示。

127

图 5-54　填充餐厅地面

图 5-55　选择拼花地面区域

03 设置前景色为任一种颜色，按 Alt+Delete 快捷键填充选区。

04 打开一张米黄色大理石纹理图像，如图 5-56 所示。按 Ctrl+A 快捷键全选图像，按 Ctrl+C 快捷键复制图像。

05 切换至户型图图像窗口，执行【编辑】|【选择性粘贴】|【贴入】命令，得到一个以当前选区为蒙版的新建图层，重命名为 "拼花" 图层，如图 5-57 所示。选择移动工具【 ），将大理石图像调整至拼花区域，按 Ctrl+T 快捷键可以调整大理石图案的大小。

图 5-56　米黄大理石

图 5-57　调整大理石图像大小和位置

06 执行【图层】|【图层样式】|【描边】命令，打开 "图层样式" 对话框，设置描边 "大小" 为 1 像素，位置为 "内部"，描边颜色为黑色，如图 5-58 所示。

07 隐藏 "地面" 图层，得到如图 5-59 所示的拼花图案效果，过道地面制作完成。

图 5-58　描边参数设置

图 5-59　拼花图案效果

5.3.4 创建卧室和书房木地板地面

1．定义木地板图案

01 显示"地面"图层并设置为当前图层，放大显示卧室木地板区域。

02 选择工具箱直线工具【＼】，设置前景色为黑色，沿木地板分隔线绘制如图 5-60 所示的 4 条直线。

图 5-60　绘制分隔线

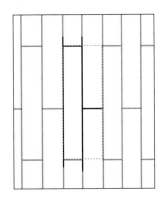

图 5-61　创建图案选区

03 选择矩形选框工具【▭】，在绘制的直线上方创建如图 5-61 所示的木地板图案选区。

04 隐藏"背景"图层，执行【编辑】|【定义图案】命令，打开"图案"名称对话框，输入新图案的名称，如图 5-62 所示，单击【确定】按钮关闭对话框。

05 木地板图案创建完成。

图 5-62　"图案名称"对话框

2．制作木地板地面

01 新建"卧室地面"图层，重新显示"背景"图层。

02 选择工具箱油漆桶工具【🪣】，确认工具选项栏"所有图层"选项已经勾选。

03 设置前景色为#"f9cd8f"，移动光标分别在书房、子女卧室、更衣室和主卧室区域单击鼠标，填充颜色如图 5-63 所示。

04 在三个门口区域单击鼠标，填充前景色，如图 5-64 所示。

05 执行【图层】|【图层样式】|【图案叠加】命令，打开"图层样式"对话框，选择前面创建的"木地板"图案为叠加图案，如图 5-65 所示，单击【贴紧原点】按钮调整图案的位置。

06 添加图案叠加图层样式效果如图 5-66 所示，木地板地面创建完成。

图 5-63 填充地面区域

图 5-64 填充门口区域

图 5-65 图层叠加参数设置

图 5-66 添加图层样式效果

5.3.5 创建卫生间地面

这里介绍使用纹理图像创建地面图案的方法。

1. 定义地砖图案

01 按 Ctrl+O 快捷键，打开配套光盘提供的地砖图像，如图 5-67 所示。

图 5-67 打开地砖图像

图 5-68 填充卫生间地面

02 按 Ctrl＋A 键全选图像，执行【编辑】｜【定义图案】命令，创建"卫生间地砖"图案。

2．创建卫生间地面

01 新建"卫生间地面"图层，使用油漆桶工具【🪣】分别填充主卫和客厅卫生间地面区域，如图 5-68 所示。

02 执行【图层】|【图层样式】|【图案叠加】命令，打开"图层样式"对话框，选择前面自定义的"卫生间地砖"图案，设置"缩放"比例为 50%，如图 5-69 所示。

03 添加的卫生间地砖图案效果如图 5-70 所示。

图 5-69 图案叠加参数设置　　　　　　　　　图 5-70 卫生间地砖图案效果

3．创建厨房地面

厨房地面为"600×600"大小的地砖，制作这类地砖图案时，一种常用的方法是调用前面自定义的"800×800"地砖分隔线图案，设置缩放比例为 75%，即得到"600×600 地砖"图案效果，如图 5-71 所示，该方法虽然方便快捷，但因为对分隔线进行了缩放，会得到模糊的分隔线条，影响了整体的美观，因此这里不予推荐。

图 5-71 缩放 800×800 分隔线制作 600×600 图案

01 使用前面介绍的方法，显示"地面"图层，使用直线工具【＼】，绘制 600×600 地砖分隔线，使用矩形选框定义图案选区，如图 5-72 所示。隐藏"背景"图层，执行【编辑】|【定义图案】命令，创建"600×600 地砖线"图案。

02 新建"厨房地面"图层，使用油漆桶工具填充#"cfb9d0"颜色，添加图案叠加图层样式，设置叠加图案为"600×600 地砖线"，即得到如图 5-73 所示的厨房地面效果。

图 5-72　定义 600×600 图案

图 5-73　厨房地面效果

5.3.6 创建露台地面

该错层住宅有北向和南向两个露台，分别使用了不同的地砖图案，因此需要分别添加地砖图案。这里介绍使用图层编组的方法制作地砖图案。

1. 制作北向露台地面

01 新建"北露台地面"图层，使用油漆桶工具【🪣】在区域内填充任一种颜色，如图 5-74 所示。

02 打开一张地砖纹理图像，如图 5-75 所示。

图 5-74　填充北向阳台地面

图 5-75　打开地砖纹理图像

03 选择移动工具【➤✛】，拖动复制纹理图像至户型图窗口，按 Ctrl+T 快捷键调整图像大小和位置如图 5-76 所示。调整图层的叠放次序，将地砖纹理图像移动至"北露台地面"图层上方。

04 执行【图层】|【创建剪贴蒙版】命令，或按 Ctrl+Alt+G 快捷键，创建图层剪贴组，如图 5-77所示，露台地面外的地砖图像被隐藏。

图 5-76　复制并调整大小

图 5-77　创建图层剪切组

提示

剪贴蒙版图层是 Photoshop 中的特殊图层，它利用下方图层的图像形状对上方图层图像进行剪切，从而控制上方图层的显示区域和范围，最终得到特殊的效果。

05 地砖纹理图像颜色过深，与户型图整体不协调，需要进行调整。执行【图像】|【调整】|【色相/饱和度】命令，或按 Ctrl+U 快捷键，打开【色相/饱和度】对话框，选择"着色"复选框，调整图像颜色如图 5-78 所示。

06 北露台地面创建完成。

2. 创建南露台地面

南露台地面使用图案叠加图层样式的方法制作。由于该露台地面使用了 45° 铺设地砖的方法，因此在定义图案时需要对原纹理图像进行调整。

图 5-78　地砖图像颜色调整

图 5-79　打开地砖图像

01 首先定义地面图案。按 Ctrl+O 键，打开如图 5-79 所示的地砖图像。

02 执行【图像】|【图像旋转】|【任意角度】命令，打开【旋转画布】对话框，设置旋转角度为 45 度，如图 5-80 所示。

图 5-80　设置旋转角度

03 单击【确定】按钮关闭【旋转画布】对话框，得到如图 5-81 所示的画布旋转效果。

04 选择矩形选框工具，按 Shift 键拖动，创建一个正方形选区，如图 5-82 所示。

05 执行【选择】|【变换选区】命令，移动光标至变换框角点，当光标显示为 形状时，按 Shift 键等比调整选区为一张地砖大小，选区边界通过地砖的 4 个角点，如图 5-83 所示。

图 5-81　旋转画布效果

图 5-82　创建正方形选区

图 5-83　调整选区大小

06 执行【编辑】|【定义图案】命令，创建"45° 地砖"图案，如图 5-84 所示。

07 新建"南露台"图层，使用【🪣】工具在南阳台区域填充任意颜色，执行【图层】|【图层样式】|【图层叠加】命令，打开"图层样式"对话框，选择"45° 地砖"图案为叠加图层，设置缩放比例为 50%，如图 5-85 所示。

图 5-84　"图案名称"对话框　　　　　　图 5-85　图案叠加参数设置

08 制作完成的南露台地面效果如图 5-86 所示。

5.3.7 创建大理石窗台

为了开阔视野、增加空间感和采光，现代住宅大都采用了大面积的飘窗，飘窗窗台铺设大理石材料。

01 显示"家具"图层，新建"窗台"图层，选择如图 5-87 所示的 4 个窗台区域并填充颜色#"f4cf82"。

02 执行【图层】|【图层样式】|【颜色叠加】命令，打开"图层样式"对话框，设置叠加颜色为#"ffbe69"，混合模式为"正片叠底"，如图 5-88 所示。

图 5-86　南露台地面效果

图 5-87　填充窗台区域

03 选中"图案叠加"复选框，选择"花岗岩"图案，设置不透明度为 50%，如图 5-89 所示。

04 选择"描边"复选框，设置描边参数如图 5-90 所示，描边颜色设置为黑色，大小为 1 像素，位置为"内部"。

图 5-88　颜色叠加参数设置

图 5-89　图案叠加参数设置

05　拖动"地面"图层至图层面板"创建新图层"按钮【　】，复制得到"地面　副本"图层。调整图层叠放次序，将"地面　副本"图层移动至"窗台"图层上方，按 Ctrl+Alt+G 快捷键创建剪贴蒙版，为窗台添加大理石纹理效果，如图 5-91 所示。窗台台面创建完成。

图 5-90　描边参数设置

图 5-91　窗台效果

5.4 室内模块的制作和引用

　　在现代户型图制作中，为了更生动、形象地表现、区分各个室内空间，以反映将来的装修效果，需要引入与实际生活密切相关的家具模块和装饰。

5.4.1 制作客厅家具

　　客厅内常见的室内家具有沙发、茶几、电视、电视柜、台灯、地毯等。在制作家具图形前，首先显示"家具"图层，以帮助定位家具位置和确定家具尺寸大小。

　　1．制作高柜

　　01　单击"家具"图层左侧的眼睛图标，在图像窗口中显示家具图形如图 5-92 所示。

　　02　新建"桌柜"图层。选择矩形选框工具【　】，按 Shift 键选择进门位置的鞋柜和左侧墙体的高柜区域，如图 5-93 所示。

图 5-92　显示家具图形

图 5-93　选择柜子区域

03　设置前景色为#"ffa763"，按 Alt+Delete 快捷键填充选区，按 Ctrl+D 快捷键取消选择，得到如图 5-94 所示的效果。在确定家具颜色时，既要有对比，又确保整体效果和谐统一。

04　执行【图层】|【图层样式】|【投影】命令，为柜子添加立体效果，参数设置如图 5-95 所示，"距离"和"大小"参数大小可根据户型图大小灵活设置。

05　立柜家具制作完成。

图 5-94　填充选区

图 5-95　投影参数设置

2．制作电视柜及电器

01　选择"家具"图层为当前图层，选择工具箱魔棒工具【　】，取消工具选项栏"对所有图层取样"复选框的勾选，在电视柜区域单击鼠标创建如图 5-96 所示的选区，音箱、DVD、壁挂电视横图形被排除在选区外，需要添加这些区域。

02　切换至矩形工具【　】，按 Shift 键拖动鼠标，添加电器图形至选区，得到完整的电视柜选区，如图 5-97 所示。

图 5-96　建立选区

图 5-97　添加选区

03　打开米黄大理石图像，按 Ctrl+A 快捷键全选图形，按 Ctrl+C 快捷键复制图像。

04　切换至户型图图像窗口，执行【编辑】|【选择性粘贴】|【贴入】命令，得到以当前选区为蒙版的新建图层，如图 5-98 所示，按 Ctrl+T 快捷键调整大理石图像大小。

05　执行【图层】|【图层样式】|【渐变叠加】命令，打开"图层样式"对话框，设置渐变参数如图 5-99 所示，制作出电视柜靠墙边的阴影效果。选择"黑、白"渐变类型，调整不透明度为 50%左右，设置混合模式为"线性加深"，在图像窗口中拖动鼠标可以调整渐变的位置。

06　选中"投影"复选框，为电视柜添加投影图层效果，单击【确定】按钮关闭图层样式对话框。

07　新建"电器"图层，使用矩形选框工具【 ▢ 】和渐变工具【 ▬ 】，在电视柜上方的壁挂电视机和 DVD、功放电器上填充颜色和渐变，制作出电器顶部透视效果，如图 5-99 所示。

图 5-98　粘入大理石图像

图 5-99　渐变叠加参数设置

3．调入沙发群模块

客厅沙发和地毯直接调用制作好的家具模块。

01　按 Ctrl+O 快捷键，打开配套光盘提供的沙发模块，如图 5-100 所示。

02　选择移动工具【 ✛ 】，拖动沙发至户型图窗口，执行【编辑】|【变换】|【水平翻转】命令调整沙发的方向，并移动至客厅沙发位置，如图 5-101 所示。

03　由于该沙发模块不是在 CAD 图形基础上着色制作，因此与"家具"图层的 CAD 线框不能完全吻合。选择"家具"图层为当前图层，单击图层面板【 ◉ 】按钮添加图层蒙版，选择工具箱画笔工具【 ✎ 】，设置前景色为黑色，在沙发区域上涂抹，隐藏该区域的沙发线框，如图 5-102 所示。

图 5-100　打开沙发图像

图 5-101　调整方向

04 打开配套光盘提供的坐姿人物素材，添加至沙发上方，如图 5-103 所示。

05 执行【图层】|【图层样式】|【投影】命令，为客厅沙发添加投影图层效果。

图 5-102　添加图层蒙版

图 5-103　添加人物模块

4．制作休闲椅和茶几

01 按 Ctrl+O 快捷键，打开配套光盘提供的休闲椅素材，如图 5-104 所示。

02 选择移动工具【 ▶✛ 】，将休闲椅拖动复制至户型图窗口，按 Ctrl+T 快捷键调整大小和方向如图 5-105 所示，最后按回车键应用变换。

图 5-104　休闲沙发

图 5-105　调整椅子方向和大小

03 按 Ctrl 键单击当前图层缩览图，载入休闲椅选区，按 Alt 键向左侧拖动，复制得到另一把休闲椅图像，按 Ctrl+T 快捷键，调用自由变换命令，然后单击鼠标右键，在弹出的菜单中选择【水平翻转】命令，调整椅子的方向，得到圆茶几另一侧的座椅，如图 5-106 所示。

04 选择椭圆工具【 ◯ 】，按 Shift 键拖动创建一个圆形茶几大小的正圆，如图 5-107 所示。

图 5-106　复制座椅

图 5-107　创建正圆选区

05 设置前景色为#"96cee8"，背景色为白色。选择工具箱渐变工具【▇】，从选区右上角至左下角拖动鼠标，填充"前景到背景"线性渐变，得到玻璃茶几效果，如图 5-108 所示。

06 执行【图层】|【图层样式】|【投影】命令，为座椅和茶几添加投影效果，以加强立体感，如图 5-109 所示。

07 选择"家具"图层为当前图层，单击蒙版缩览图，进入蒙版编辑状态。单击工具箱中的画笔工具【✎】，设置前景色为黑色，在休闲椅区域涂抹，隐藏休闲椅线框。

图 5-108　填充渐变

图 5-109　添加投影效果

5．制作台灯

台灯家具模块使用渐变工具和填充工具制作。

01 在休闲椅和茶几图层上方，新建"台灯"图层。

02 选择椭圆选框工具，按 Shift 键拖动鼠标，创建台灯正圆选区，如图 5-110 所示。

03 设置背景色为#cbad9b，前景色为白色，按下工具选项栏"径向渐变"按钮【▇】。从圆形台灯中心向外拖动鼠标，填充径向渐变如图 5-111 所示。按 Ctrl+D 快捷键取消选择。

04 执行【图层】|【图层样式】|【投影】命令，为台灯添加投影效果。台灯制作完成。

图 5-110　创建台灯区域选区

图 5-111　填充径向渐变

5.4.2 制作餐厅家具

餐厅家具为六座餐桌，由玻璃餐面和座椅组成，下面介绍餐厅家具的制作方法。

01 新建"餐厅玻璃"图层，选择餐厅玻璃区域并填充蓝色到白色渐变，最后添加"投影"图层样式，即得到餐厅玻璃效果，如图 5-112 所示。

02 选择"家具"图层为当前图层，选择魔棒工具【🖌】，确认"对所有图层取样"复选框处于未勾选状态，按 Shift 键在餐厅椅子的坐垫位置单击鼠标，选择所有坐垫区域，如图 5-113 所示。

图 5-112　制作餐厅玻璃

图 5-113　选择椅子坐垫区域

03 新建"餐椅坐垫"图层，按 Alt+Delete 快捷键或 Ctrl+Delete 快捷键，在选区内填充任意颜色。执行【图层】|【图层样式】|【图案叠加】命令，在图案列表中选择"木纹"图案，如图 5-114 所示。

04 选择"投影"复选框，为图层添加投影图层样式，制作得到如图 5-115 所示的坐垫效果。

图 5-114　图案叠加参数设置

图 5-115　添加图层样式效果

05 选择"家具"图层为当前图层，使用魔棒工具【🖌】选择餐椅靠背区域，如图 5-116 所示。

06 设置背景色为#"421c17"，按 Ctrl+Delete 快捷键填充选区。执行【图层】|【图层样式】|【投影】命令，为当前图层添加投影效果，餐桌模块制作完成，如图 5-117 所示。

图 5-116　选择靠背区域

图 5-117　添加图层样式效果

5.4.3 制作厨房家具

厨房家具由厨柜台面、煤气灶、洗菜盆、冰箱等组成，制作此类家具主要使用了渐变、填充等工具。

1. 制作橱柜台面

01　放大显示户型图厨房区域，单击工具箱中的矩形选框工具【 [::] 】，按 Shift 键选择 L 型的橱柜台面，如图 5-118 所示。

02　新建"橱柜台面"图层。设置前景色为#cdffc2，按 Alt+Delete 快捷键填充选区，得到如图 5-119 所示的柜橱台面效果。

03　双击"橱柜台面"图层，打开"图层样式"对话框，选择"花岗岩"图案作为叠加图案，设置缩放为 50%，其他参数设置如图 5-120 所示。

图 5-118　选择台面区域

图 5-119　填充选区

图 5-120　图案叠加参数设置

04　选择"图层样式"对话框"投影"复选框，为台面添加投影图层效果，制作完成的台面效果如图 5-121 所示。

提示　如果当前图案列表框中没有显示"花岗岩"图案，可单击图案下拉列表面板右侧的 ✿ 按钮，在弹出菜单中选择【岩石】命令，载入岩石图案，如图 5-122 所示。

图 5-121　添加图层样式效果

图 5-122　载入岩石图案

2. 制作洗菜盆

洗菜盆模块可以直接在 AutoCAD 线框基础上进行着色得到。

01 新建"洗菜盆"图层，使用多边形套索工具【 ⫽ 】选择洗菜盆区域，如图 5-123 所示。

02 选择工具箱渐变工具【 ▦ 】，在渐变下拉列表面板中载入"金属"渐变，如图 5-124 所示，选择"银色"渐变作为当前渐变，按下线性渐变选项按钮【 ▦ 】。

图 5-123　选择洗菜盆区域

图 5-124　载入金属渐变

03 从选区左下角至右上角拉一直线，填充线性渐变如图 5-125 所示，得到不锈钢洗菜盆的质感。

04 使用【 ⫽ 】工具选择洗菜盆右侧的槽体。选择渐变工具【 ⫽ 】，按下径向渐变选项按钮【 ▦ 】，选择"黑、白"渐变作为当前渐变，从槽体下水口位置向外拖动鼠标，填充径向渐变如图 5-126 所示，制作出槽体底部的高低变化。

图 5-125　填充线性渐变

图 5-126　填充径向渐变

05　使用同样的方法制作左侧槽体底部高低变化，如图 5-127 所示，最后按 Ctrl+D 键取消选择。

06　执行【图层】|【图层样式】|【投影】命令，为洗菜盆添加阴影效果，设置"距离"和"大小"参数为 2，减少投影的大小。洗菜盆模块制作完成。

07　厨房的煤气灶、冰箱可以使用同样的方法制作，完成效果如图 5-128 所示。

图 5-127　制作左侧槽盆质感

图 5-128　制作其他家具电器

3.　制作露台家具

该复式住宅有南、北两个露台，北露台是生活露台，布置的家具有洗衣机和拖把池。南露台为休闲露台，布置的家具有休闲桌椅和绿化植物等。

洗衣机和拖把池的制作方法与洗菜盆基本相同，使用渐变工具进行着色即可，最终完成效果如图 5-129 所示。

南露台家具为休闲桌椅和绿色植物，这些模块可以直接从配套光盘提供的家具模块中调用，然后添加投影效果，如图 5-130 所示。本着"化繁为简"的原则，这里省去了 CAD 户型图中的鹅卵石装饰，保持户型图简洁、美观的整体效果。

图 5-129　北露台

图 5-130　南露台

下面重点讲解木质楼梯的制作方法，它由两侧的扶手和中间的踏板组成。

01　新建"楼梯扶手"图层，使用矩形选框工具【▦】选择楼梯两侧扶手区域，并填充木纹的颜色 # "ffa763"，如图 5-131 所示。

02　执行【图层】|【图层样式】|【投影】命令，打开"图层样式"对话框，取消"使用全局光"复选框的勾选，在图像窗口中拖动阴影至扶手中间的位置，其他阴影参数设置如图 5-132 所示。

图 5-131　填充选区

图 5-132　投影参数设置

03 在"楼梯扶手"图层下方新建"楼梯踏步"图层，选择三个踏步区域如图 5-133 所示。

04 按 Alt+Delete 快捷键或 Ctrl+Delete 快捷键，在选区内填充任一种颜色，如图 5-134 所示。

图 5-133　选择踏步区域

图 5-134　建立选区并填充

05 执行【图层】|【图层样式】|【图案叠加】命令，打开"图层样式"对话框，选择木质图案为叠加图案，为踏步添加木质纹理，其他参数设置如图 5-135 所示。

06 选择"渐变叠加"复选框，选择"黑、白"渐变为叠加渐变，角度为 90º，其他参数设置如图 5-136 所示。

图 5-135　图案叠加参数设置

图 5-136　渐变叠加参数设置

07 选择"投影"复选框，为踏步添加投影图层效果，最终得到如图 5-137 所示的踏步效果。

5.4.4 制作卧室和卫生间家具

卧室一般有床、床头柜、梳妆台、电视机、电视柜、衣柜等家具。这里以主卧为例，介绍卧室家具的制作方法，最终完成效果如图 5-138 所示。卧室家具应以暖色调为主，以营造温馨、舒适的气氛。

图 5-137　南露台完成效果

图 5-138　卧室家具

1.　制作床和块毯

01　打开配套光盘提供的圆形块毯图像，如图 5-139 所示。

02　将块毯图像拖动复制至卧室，按 Ctrl+T 快捷键调整大小和位置如图 5-140 所示。

03　继续添加配套光盘提供的床模块，将图层置于块毯图层上方，得到正确的前后叠加效果，如图 5-141 所示。

图 5-139　打开块毯图像

图 5-140　添加至卧室

图 5-141　添加床模块

04　新建"桌柜"图层，使用矩形选框工具选择卧室电视机、床头柜、化妆台、衣柜区域，填充颜色#ffa763，执行【图层】|【图层样式】|【投影】命令，添加阴影效果，如图 5-142 所示。

05　新建"台灯"图层，使用椭圆选框工具【　】选择床头柜的台灯区域，填充白色#"ffffff"，执行【图层】|【图层样式】|【投影】命令，添加阴影效果，如图 5-143 所示。

06　新建"电视机"图层，使用多边形套索工具【　】选择电视机区域，设置前景色为#"4e5369"，背景色为#"707a9b"，使用渐变工具【　】，从选区左端至右端填充渐变，然后执行【图层】|【图层样式】|【投影】命令添加阴影效果，完成效果如图 5-144 所示。

图 5-142　制作桌柜家具

图 5-143　制作台灯

图 5-144　制作电视机

书房、子女卧室家具的制作方法基本相同，这时就不详细介绍了，最终完成效果如图 5-145 所示，其中桌面的台式电脑和笔记本模块为 3ds max 渲染得到。

图 5-145　书房、子女卧室家具布置

卫生间家具包括蹲便器、浴缸、坐便器、洗脸盆及台面等，制作方法与前面介绍的内容完全相同，最终完成效果如图 5-146 所示。

5.5 添加绿色植物

打开配套光盘提供的植物模块，将其添加至室内各角落位置，如图 5-147 所示，作为户型图的点缀。执行【图层】|【图层样式】|【投影】命令，为植物添加阴影效果，以加强立体感。在复制植物时，应先选择，然后按 Alt 键拖动，确保在图层内部复制，以减少 PSD 图像文件大小。

图 5-146　卫生间家具

图 5-147　添加植物模块

5.6 最终效果处理

为了方便客户阅读，在制作完成室内家具模块后，还需要添加文字说明，对各空间的尺寸和功能进行简介说明。

5.6.1 添加墙体和窗阴影

选择"墙体"图层，执行【图层】|【图层样式】|【投影】命令，为墙体图层添加投影效果，以加强户型图整体的立体感，如图 5-148 所示。投影方向与室内家具投影方向一致。

选择"窗"图层为当前图层，执行【图层】|【图层样式】|【投影】命令，同样为窗添加投影效果。

图 5-148　添加墙体投影

5.6.2 添加文字和尺寸标注

01　按 Ctrl+O 快捷键，打开"户型图_文字标注.eps"文件，按如图 5-149 所示设置参数对 EPS 文件进行栅格化。

02　选择工具箱移动工具【▶◆】，按 Shift 键拖动栅格化的文字标注至户型图图像窗口，两图像中心自动对齐，如图 5-150 所示，新图层重命名为"标注"图层。

03 按 Ctrl+Shift+"]"快捷键，将"标注"图层调整至图层面板最上方，使标注不被其他对象遮挡。

图 5-149　栅格化标注 EPS

图 5-150　添加标注

5.6.3 裁剪图像

选择工具箱裁剪工具【� 】，在图像窗口中拖动鼠标创建裁剪范围框，然后分别调整各边界的位置，按回车键，应用裁剪，如图 5-151 所示。

图 5-151　裁剪图像

彩色户型图全部制作完成。

建筑立面图制作

　　建筑立面图是建筑表现常用的手段之一，它直接在
AutoCAD 绘制的二维线框图基础上制作，具有制作速度快的
优点。在建筑立面图中可以使用很多的建筑表现元素，如墙砖
材质、真实的配景、光线投影等，因而效果真实、逼真，在建
筑方案投标中应用广泛，添加配景后的最终结果可逼近 3ds
max 制作的建筑透视图效果。

　　本章以一幢现代商住楼为例，介绍建筑立面图制作的整个
流程和相关方法技巧。

第 6 章

6.1 输出建筑立面 EPS 图形

01 启动 AutoCAD，打开配套光盘提供的商住楼立面图，如图 6-1 所示。该立面图中包括了商住楼的多个立面，这里制作的是该建筑的 ⓒ ~ ① 立面，即北立面。

图 6-1 打开立面图

02 关闭轴线、尺寸标注、文字标注、填充等图层，隐藏无关内容。不能隐藏的图形可以直接选择删除，使图形显示如图 6-2 所示。

图 6-2 隐藏标注和填充图层

03 按 Ctrl+P 快捷键，打开"打印"对话框，选择"EPS 绘图仪.pc3"文件打印机，其他参数设置如图 6-3 所示，单击【预览】按钮可以查看打印效果。

图 6-3　打印参数设置

04　预览打印效果，确认无误后单击【确定】按钮，打印输出得到立面 EPS 文件。

6.2 制作立面墙体

6.2.1 栅格化 EPS 文件

01　运行 Photoshop CS4 软件，按 Ctrl+O 快捷键，在弹出的"打开"对话框中选择 AutoCAD 打印输出的商住楼立面 EPS 文件。

02　在打开的"栅格化通用 EPS 格式"对话框中根据需要设置合适的栅格化分辨率和模式，如图 6-4 所示，这里设置分辨率为 150 像素/英寸，分辨率越大，得到的图像尺寸越大。

03　栅格化结果如图 6-5 所示，得到一张背景透明的位图图像。

图 6-4　设置栅格化参数

图 6-5　栅格化结果

04　重命名立面图线框所在图层为"线框"图层，执行【图像】|【旋转画布】|【90 度(逆时针)】命令，旋转画布"90°"，纠正立面图方向。

05　按 Ctrl+Shift+N 组合键，新建一个图层，在"线框"图层下方新建一个图层。

06　按 D 键，恢复前/背景色为默认的黑/白颜色，按 Ctrl+Delete 快捷键在新建图层内填充白色，执行【图层】|【新建】|【图层背景】命令，创建白色背景图层。

07　选择工具箱裁剪工具【✄】，去除多余的空白区域，如图 6-6 所示，以减小图像文件大小。

阅读建筑立面图可知，商住楼墙体共使用了 3 种墙体材质，1 层和 2 层使用了深褐色外墙砖，3～13

层使用了谷黄色小方砖，14～16 层使用了乳白色小方砖。在制作立面墙体时，需要分别选择相应墙体区域填充颜色或纹理。

图 6-6　裁剪空白区域

图 6-7　新建透明背景图像

6.2.2 制作填充图案

商住楼底层和中间层分别使用了不同大小比例的外墙砖，需要分别创建填充图案。

1. 制作底层外墙砖图案

01 按 Ctrl+N 快捷键，创建 22×50 像素大小，背景为透明的图像文件，如图 6-7 所示。

02 按 Ctrl+R 快捷键，在图像窗口中显示标尺。右击标尺，在弹出菜单中选择【像素】命令，将标尺单位设置为像素。

03 按 Ctrl+"＋"快捷键，放大图像显示，使用单行选框工具【▦】在画布上端建立一条 1 像素高的单行选区。切换至单列选框工具【▯】，按 Shift 键在画布左端添加 1 像素宽的单列选区，按 Alt+Delete 快捷键填充黑色，如图 6-8 所示。

04 按 Ctrl+A 快捷键，全选图像，如图 6-9 所示。

图 6-8　选择填充

图 6-9　全选图像

05 执行【编辑】|【定义图案】命令，创建 "22×50 外墙砖" 图案，如图 6-10 所示。

06 外墙砖图案创建完成。

2．创建小方砖图案

01 按 Ctrl + N 快捷键，新建 20×20 像素大小，背景为透明的图像文件，如图 6-11 所示。

图 6-10　创建图案

图 6-11　新建透明背景图像

02 分别使用单行【 ］和单列【 ］选框工具，选择画布左端和顶端 1 像素宽区域，按 Alt+Delete 快捷键填充黑色，如图 6-12 所示。

03 按 Ctrl+A 快捷键全选图像，如图 6-13 所示。

图 6-12　填充边线

图 6-13　全选图像

04 执行【编辑】|【定义图案】命令，创建 "20×20 小方砖" 图案，如图 6-14 所示。商住楼谷黄色小方砖墙体和乳白色小方砖墙体将共用该图案制作墙砖分隔。

图 6-14　创建小方砖图案

6.2.3 创建墙体

1．创建 1～2 层墙体

01 按 Ctrl+Shift+N 快捷键，创建 "深褐色墙体" 图层，使用矩形选框工具【 】选择一层和二层区域。

02 设置前景色为深褐色，色值为#"6e3904"，按 Alt+Delete 快捷键填充，如图 6-15 所示。

图 6-15 选择并填充

03 执行【图层】|【图层样式】|【图案叠加】命令，打开"图层样式"对话框，选择前面创建的"22×50 外墙砖"图案作为叠加图案，设置缩放比例为 50%，如图 6-16 所示。

图 6-16 设置图案叠加参数

04 图案叠加效果如图 6-17 所示。

图 6-17 图案叠加效果

2. 创建 3～14 层墙体

01 新建"谷黄色墙体"图层，使用矩形选框工具【 】，选择 3～13 层墙体，设置前景色为#"ffbd68"，按 Alt+Delete 快捷键填充，如图 6-18 所示。

02 执行【图层】|【图层样式】|【图案叠加】命令，打开"图层样式"对话框，选择"20×20 小方砖"图案作为叠加图案，设置缩放比例为 50%，如图 6-19 所示，谷黄色小方砖墙体创建完成。

图 6-18 选择中间墙体并填充

图 6-19 小方砖图案叠加

3. 创建 14～16 层墙体

01 新建 "乳白色墙体" 图层，使用矩形选框工具【□】和魔棒工具【🖌】，选择 14～16 层墙体区域，按 Ctrl+Delete 快捷键填充白色。

02 在图层面板 "谷黄色墙体" 图层上方单击鼠标右键，在弹出菜单中选择【拷贝图层样式】命令，再在 "乳白色墙体" 图层上方单击鼠标右键，选择【粘贴图层样式】命令，复制 "20×20 小方砖" 图案叠加图层样式，结果如图 6-20 所示。

03 乳白色小方砖墙体制作完成。

6.3 制作窗户和门

6.3.1 制作窗户和门玻璃

窗户和门应在墙体图层上方创建，否则会因为墙体的遮挡而不可见。

01 为了方便选择，单击图层左侧的眼睛图标【👁】，暂时隐藏所有墙体图层。

02 新建 "玻璃" 图层，使用矩形选框工具【□】，选择整个窗户和门区域，设置前景色为 # "9ddeff"，按 Alt+Delete 快捷键填充，如图 6-21 所示。

图 6-20 小方砖图案叠加

图 6-21 选择并填充

03 选择其他门和窗玻璃区域，填充 # "9ddeff" 颜色，结果如图 6-22 所示。

中文版 Photoshop CS6 建筑表现技法

6.3.2 制作窗框和门框

01 在"玻璃"图层上方新建"门窗框"图层，按 Shift 键，使用矩形选框工具【⬚】，选择窗框和门框区域，设置前景色为#"274c24"，按 Alt+Delete 快捷键填充，得到绿色的门框和窗框，如图 6-23 所示。

图 6-22　填充其他玻璃区域

图 6-23　选择并填充窗框和门框

02 使用同样的方法，制作其他门框和窗框，如图 6-24 所示。

6.3.3 制作窗户投影

1．制作平窗阴影

商住楼一、二层为大玻璃落地窗，位于墙体内部，凸出的墙体会在窗户上产生投影，使立面富有立体感。

01 在"门窗框"图层上方新建"门窗投影"图层。使用矩形选框工具【⬚】，在玻璃上侧和左侧各建立一条矩形选区，设置前景色为黑色，按 Alt+Delete 快捷键，在选区内填充黑色，更改图层不透明度为 75%，即得到墙体在玻璃上的投影效果，如图 6-25 所示。

图 6-24　填充其他窗框和门框区域

图 6-25　选择并填充黑色

02 使用同样的方法，制作一、二层墙体在其他玻璃上的投影，结果如图 6-26 所示。

图 6-26　制作其他平窗投影

2.　制作飘窗及其投影

飘窗又称"凸窗"，是目前比较流行的窗户设计形式。这种窗户一般呈矩形或梯形向室外凸起。飘窗不像传统的平窗只有一面是玻璃，它三面都装有玻璃。从而可以使室内可以享受更充足的光线和开阔的视野。

飘窗由窗台板、窗框和玻璃组成，在立面图还需要表现飘窗在墙体上的投影，如图 6-27 所示。窗框及玻璃前面已经创建完成，这里仅介绍窗台板及投影的制作。

图 6-27　飘窗的结构

图 6-28　填充窗台板

01 新建"窗台板"图层，使用魔棒工具【　】，选择窗台板区域并填充颜色# "cbcbcb"，如图 6-28 所示。

02 按 Ctrl 键单击【　】按钮，在"窗台板"图层下方新建"飘窗投影"图层，设置前景色为黑色，按 Alt+Delete 快捷键填充。选择移动工具【　】，按 Shift 键沿右下角 45° 方向移动至如图 6-29 所示位置。

03 选择多边形套索工具【　】，创建如图 6-30 所示四边形区域。

图 6-29　填充并移动

图 6-30　建立四边形选区

04 设置前景色为黑色，按 Alt+Delete 快捷键填充，得到飘窗上窗台板的投影，如图 6-31 所示。

05 使用同样的方法制作下窗台板的投影，如图 6-32 所示。

06 使用矩形选框工具【 ▢ 】，创建如图 6-33 所示选区并填充黑色，制作飘窗窗体在墙体上的投影。

图 6-31　填充黑色

图 6-32　选择并填充

07 设置"飘窗投影"图层填充不透明度为 75%，即得到逼真的飘窗投影效果，如图 6-34 所示。

08 使用同样的方法制作其他飘窗及阴影，相同的飘窗可以直接选择复制。

图 6-33　制作窗体投影

图 6-34　降低图层不透明度

6.4 制作阳台

本商住楼阳台为立柱式外凸阳台，阳台两侧有支撑立柱，如图 6-35 所示。在制作立面图时，需要表现阳台和立柱在墙体上的投影效果。

6.4.1 制作阳台立柱和围栏

1. 制作阳台立柱及投影

01 新建"阳台"图层，综合使用多种选择工具选择阳台立柱区域，填充颜色#"cbcbcb"，如图 6-36 所示。

图 6-35　外挑式阳台结构

图 6-36　选择阳台立柱并填充

02 按 Ctrl 键单击图层面板【 】按钮，在"阳台"图层下方新建"阳台立柱投影"图层。

03 设置前景色为黑色，按 Alt+Delete 快捷键填充。选择移动工具【 】，按 Shift 键向右下角方向拖动，如图 6-37 所示。

04 更改图层不透明度为 75%，即得到阳台立柱在墙体上的投影效果。

2. 制作阳台围栏及投影

01 制作阳台板在墙体上投影。选择"阳台"图层为当前图层，选择阳台护板区域并填充颜色#"cbcbcb"，如图 6-38 所示。

图 6-37　填充黑色并移动

图 6-38　填充阳台围栏

02 新建"阳台投影"图层，在选区内填充黑色，按 Shift 键沿右下角 45° 方向移动，调整位置如图 6-39 所示更改图层不透明度为 75%。

03 根据投影规律，使用多边形套索工具【 】，创建如图 6-40 所示四边形选区，并填充黑色。

图 6-39　填充黑色并移动

图 6-40　建立多边形选区并填充

04 按 Ctrl 键单击"阳台立柱投影"图层缩览图，载入立柱投影选区，按 Delete 键清除重复的填充，如图 6-41 所示。

3. 制作围栏自身投影

01 选择"阳台"图层为当前图层，使用矩形选框工具【▫】，创建如图 6-42 所示选区。

图 6-41 清除重复的选区

图 6-42 建立矩形选区

02 执行【编辑】|【填充】命令，或按 Shift+"←"(退格键)快捷键，打开"填充"对话框，设置填充颜色为"黑色"，不透明度为 75%，如图 6-43 所示。

03 单击【确定】按钮，得到如图 6-44 所示的填充效果。

图 6-43 填充参数设置

图 6-44 填充效果

04 使用同样的方法制作如图 6-45 所示的投影，以表现围栏各部分之间的层次关系。

05 按 Ctrl+Alt+T 组合键，开启复制变换。选择移动工具【▸✛】，按 Shift 键向下拖动，复制围栏至下层阳台位置，如图 6-46 所示，按回车键应用变换。

06 按 Ctrl+Alt+Shift+T 组合键多次，重复复制变换，得到其他各层的阳台围栏。

07 商住楼各阳台结构完全相同，使用复制的方法，可以得到其他阳台立面。

图 6-45 继续填充

图 6-46 复制变换

6.4.2 制作阳台栏杆

阳台栏杆直接使用颜色填充制作即可。新建"阳台栏杆"图层，使用矩形选框工具【 ::: 】选择栏杆区域，填充颜色#"396f35"，如图 6-47 所示。

图 6-47　创建栏杆

6.5 制作屋顶

如图 6-48 所示，屋顶由瓦面、老虎窗和屋檐组成，下面分别介绍各部分的制作方法。

1．制作屋檐及投影

01　新建"屋檐"图层，使用多边形套索工具【 ::: 】选择屋檐区域。屋檐使用的是白色外墙漆，这里直接填充颜色#"cbcbcb"，如图 6-49 所示。

图 6-48　屋顶的结构

图 6-49　填充屋檐区域

02　使用矩形选框工具【 ::: 】创建矩形选区，并填充 75%黑色，创建屋檐自身的投影，如图 6-50 所示。

03　按 Ctrl 键单击【 ::: 】按钮，在"屋檐"图层下方新建"屋檐投影"图层。按 Ctrl 键单击"屋檐"图层缩览图，载入屋檐选区。设置前景色为黑色，按 Alt+Delete 快捷键填充。

04　更改图层不透明度为 75%，选择移动工具【 ::: 】，按 Shift 键沿右下角 45° 方向移动，得到屋檐在墙体上的投影，如图 6-51 所示。

图 6-50　表现屋檐阴影

图 6-51　制作屋檐投影

05 选择删除左侧多余阴影，如图 6-52 所示，该位置没有墙体，不会产生投影。

06 使用多边形套索工具【⬚】创建如图 6-53 所示选区，并填充黑色，补全屋檐在墙体上的投影。屋檐及投影制作完成。

图 6-52 删除左侧多余阴影

图 6-53 补齐右侧阴影

2. 制作瓦顶

商住楼使用的是橙色油毡瓦，新建"瓦顶"图层，使用多边形套索工具【⬚】选择瓦顶区域，并填充颜色#"ad6212"即可，如图 6-54 所示。

图 6-54 填充瓦顶区域

老虎窗立面的制作方法与阳台基本相同，最终完成效果如图 6-55 所示。

图 6-55 制作老虎窗

使用同样的方法制作其他窗顶，最终完成的屋顶效果如图 6-56 所示。

图 6-56 制作其他屋顶

6.6 制作其他立面部分

在制作完成了墙体、窗户、门、阳台、屋顶等主体结构后，还需要制作层间线、大门等辅助构件。

6.6.1 制作层间线

为了整体美观，墙体各层之间设置了外墙层间线，材料为"深灰色小方砖"。新建"层间线"图层，选择墙体层间线区域并填充颜色#"c7c7c7"，得到如图 6-57 所示层间线效果。因为层间线宽度较窄，不需要另行添加叠加图案。

图 6-57 墙体层间线

6.6.2 制作大门和雨篷

商住楼大门为欧式大门，由雨篷等多个构件组成，使用前面介绍的方法，根据其外观特征制作相应的投影效果。

如图 6-58 所示为大门及雨篷立面效果，如图 6-59 所示为侧门及雨篷立面效果。

图 6-58 欧式大门和雨篷

图 6-59 侧门雨篷

6.6.3 制作其他部分

继续制作商住楼其他立面结构，包括空调百叶护栏、地面扶手等，最终完成的商住楼立面效果如图 6-60 所示。

图 6-60 最终完成效果

如图 6-61 所示为建筑与配景合成的效果，添加了配景后，整个立面效果真为逼真和生动。有关配景的合成方法请参考本书后面的章节。

图 6-61 配景合成效果

彩色总平面图制作

　　彩色总平面图通常又称为二维渲染图，主要用来展示大型规划设计方案，如屋顶花园、城区规划、大型体育场馆等。早期的建筑规划设计图制作较为简单，大都使用喷笔、水彩与水粉等工具手工绘制，引入计算机技术后，规划图的表现手法日趋成熟、多样，真实的草地、水面、树木的引入，使得制作完成的彩色总平面图形象生动、效果逼真。

第 7 章

7.1 彩色总平面图的制作流程

绘制彩色总平面图主要分为三个阶段，包括 AutoCAD 输出平面图、各种模块的制作和后期合成处理。在 Photoshop 中对平面图进行着色时，应掌握一定的前后次序关系，以最大程度地提高工作效率。

7.1.1 AutoCAD 输出平面图

二维线框图是整个总平面图制作的基础，因此制作平面图的第一步就是根据建筑师的设计意图，使用 AutoCAD 软件绘制出整体的布局规划，包括整个规划各组成部分的形状、位置、大小等，这也是保障最终平面图的正确和精确程度的关键。有关 AutoCAD 的使用方法，本书不作介绍，读者可参考相关的 AutoCAD 书籍。

绘制完成后，执行【文件】|【打印】命令，使用本书第 5 章中介绍的方法将线框图输出为 EPS 格式的平面图像。

7.1.2 各种模块的制作

总平面图的常见元素包括：草地、树木、灌木、房屋、广场、水面、马路、花坛等，掌握了这些元素的制作方法，也就基本掌握了彩色总平面图的制作。这个过程主要由 Photoshop 来完成，使用的工具包括：选择、填充、渐变、图案填充等，在制作水面、草地、路面时也会使用到一些图像素材，如大理石纹理、地砖纹理、水面图像等。

7.1.3 后期合成处理

制作完成了各素材模块之后，彩色总平面图的大部分工作也就基本完成了，最后便是对整个平面图进行后期的合成处理，如复制树木、制作阴影，加入配景，对草地进行精细加工，使整个画面和谐、自然。

7.2 花园住宅小区总平面

本节通过某大型住宅小区实例，讲解使用 Photoshop 制作彩色总平面图的方法、流程和相关技巧，最终完成效果如图 7-1 所示。

图 7-1　彩色总平面图

7.2.1 在 AutoCAD 中输出 EPS 文件

为了方便 Photoshop 处理，在 AutoCAD 中应分别输出建筑、植物和文字的 EPS 文件，然后在 Photoshop 中进行合成。

在最终的彩色总平面图中，这些打印输出的图线将会保留。使用图线的好处如下：

➢　所有的物体可以在图线下面来做，一些没有必要做的物体可以少做或不做。节省了很多时间。

➢　物体之间的互相遮挡可以产生一些独特的效果。

➢　图线可以遮挡一些物体因选取不准而产生的错位和模糊，使边缘看起来很整齐，使图形看起来整齐、美观。

01　启动 AutoCAD，按 Ctrl+O 快捷键，打开"加州总平面.dwg"文件，如图 7-2 所示。

02　首先将文字图层进行隐藏。使用鼠标单击任意文字，选择文字图层，在常用选项板图层列表中，将出现该文字所在的图层，如图 7-3 所示。

图 7-2　城市花园 CAD 文件

图 7-3　选择图层

03 单击图层前面的黄色"灯泡"按钮，将图层"PUB_TEXT"进行关闭，如图 7-4 所示。

04 按 Ctrl+P 快捷键，打开"打印"对话框，如图 7-5 所示。

图 7-4　关闭图层　　　　　　　　　　　　　　　图 7-5　"打印"对话框

05 在"打印机/绘图仪"的名称下拉菜单中，选择"EPS 绘图仪"，在"图纸尺寸"选框中，选择"ISO A3 （420.00×297.00）"尺寸。

06 在"打印样式表"下列列表中，选择"acad"样式，然后单击编辑样式按钮，打开【打印样式表编辑器】对话框，选择所有颜色打印样式，设置颜色为黑色、实心，如图 7-6 所示。

07 单击【保存并关闭】按钮，退出打印样式编辑器，继续设置打印参数，勾选"居中打印"和"布满图纸"选项，这样可以保证打印的图形文件在图纸上居中布满显示，具体参数设置如图 7-7 所示。

图 7-6　编辑打印样式　　　　　　　　　　　　　图 7-7　打印参数设置

 注意　将所有的打印颜色进行选择的快捷键为：Shift + End。

08 单击【窗口】命令，在绘图窗口中分别拾取前面外框矩形的两个角点，指定打印输出的范围，如图 7-8 所示，使用 acad.ctb 颜色打印样式控制打印效果。

09 单击【确定】按钮，打开"浏览打印文件"对话框，指定打印输出的文件名和保存位置，最后单击【保存】按钮开始打印输出，建筑和道路图形即打印输出至指定的文件中。

10 将除文字以外的图层进行关闭，将文字单独输出为"文字图层.eps"文件。

11 将除建筑以外的图层进行关闭，将建筑图层单独输出为"建筑图层.eps"文件。

图 7-8 打印窗口拾取

7.2.2 栅格化 EPS 文件

1. 栅格化 EPS 文件

01 运行 Photoshop 软件，按 Ctrl+O 快捷键，打开 AutoCAD 打印输出的 "加州总平面-model.eps" 图形，在打开的 "栅格化 EPS 格式" 对话框中根据需要设置合适的图像大小和分辨率，如图 7-9 所示。

02 单击【确定】按钮开始栅格化处理，得到一个透明背景的线框图像，将线框图层重命名为 "总平面"。

03 按 Ctrl 键击图层面板 按钮，在当前图层下方新建一个图层。按 D 键恢复前 / 背景色为默认的黑/白颜色，按 Ctrl + Delete 快捷键填充白色，得到一个白色背景，以便于查看线框，如图 7-10 所示。

图 7-9 设置栅格化参数

图 7-10 新建图层并填充白色

04 选择白色填充图层为当前图层，执行【图层】|【新建】|【背景图层】命令，将填充图层转换为背景图层。

05 按 Ctrl+S 快捷键，保存图像为"加州总平面.psd"。

2. 合并建筑和文字图像

01 继续按 Ctrl+O 快捷键，以同样的参数栅格化"建筑.eps"和"文字.eps"文件。

02 选择移动工具【➤┿】，按 Shift 键分别拖动建筑图层和文字图层至彩平图像窗口。重命名新建图层，以便于识别，如图 7-11 所示。

03 选择工具箱裁切工具【✄】，去除多余的空白区域，结果如图 7-12 所示，以减少图像文件的大小，节省系统内存和磁盘空间。

图 7-11　合并建筑和文字图层　　　　　　　　　　　图 7-12　裁剪图像

7.2.3 划分层次

在彩色平面图中，最重要的就是路面、绿化区、建筑等三个方面的层次划分，将这三个区域划分之后，后面的处理就显得非常有序，路面为最底层，绿化区居于中间层，建筑线条最后置于图层顶层，使建筑轮廓看起来清晰明了。

01 打开"加州总平面.psd"文件，选择"总平面"图层，首先要做的工作就是检查线稿是否完全闭合。

02 单击工具箱中的魔棒工具【✦】，设置参数如图 7-13 所示。

图 7-13　魔棒工具参数

03 单击线稿中的路面规划区域，得到选区，然后单击工具箱中的快速蒙版按钮【▢】，查看选区，如图 7-14 所示。

04 通过蒙版查看，可以看出路面区域和背景区域是完全相通的，均以白色显示，画面中红色蒙版显示的区域表示这些区域将不会被编辑。此时可以采取线条封闭的方法将马路和背景区域进行分隔。

05 首先退出快速蒙版编辑模式，快捷键为 Q 键，然后新建一个图层，命名为"封闭直线"。再单击工具箱中的直线工具 ╱，设置直线的粗细为 1 像素，在需要进行封闭的马路终端，使用直线工具单击马路的两个端点，进行连接。

图 7-14　快速蒙版编辑模式

06 封闭效果如图 7-15 所示。

左上　　　　　　　　右上　　　　　　　　左下　　　　　　　　右下

图 7-15　封闭马路终端

07 选择工具箱中的魔棒工具【🪄】，设置参数如图 7-16 所示。

图 7-16　魔棒工具参数设置

08 逐一对马路区域进行单击，选择马路划分区域，通过快速蒙版编辑模式查看选取范围，如图 7-17 所示。

09 按 Q 键，退出快速蒙版编辑模式，执行【选择】|【存储选区】命令，将该选区存储为"马路"通道，以便于随时调用该选区。

10 新建一个图层，重命名为"马路"，单击前景色色块，打开颜色编辑器，设置前景色为深灰色，色值参考为#"858a8d"，设置背景色为白色。

11 按 Alt+Delete 快捷键，快速填充前景色，给马路填充一个基本色，如图 7-18 所示。

图 7-17　查看马路划分区域

图 7-18　填充颜色

这样就将马路部分以灰色色块与其他元素进行简单的区分，使用同样的方法，再划分绿化区域和建筑区域，以及铺装和水面区域，简单的以色块进行划分，色值参考配套光盘中的 PSD 源文件，最后效果如图 7-19 所示。

7.2.4　添加图例

通过前面层次分区的处理，该彩色平面图已经雏形初具，为了表现彩色平面图的植被关系，接下来给总平面图添加各式图例。

添加图例的一般顺序为：先主干道，再次干道，再绿化带细分。讲究颜色的层次和图例大小比例的协调。

01　打开配套光盘给定的"图例.psd"文件素材，如图 7-20 所示。

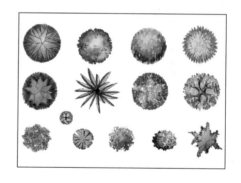

图 7-19　色块分区

图 7-20　图例文件

02　选择如图 7-21 所示的图例添加到主干道的两侧，首先选择该图例，使用移动工具【 ▶⊕ 】将其拖动至当前效果图操作窗口，按 Ctrl+T 快捷键，调整图例大小，放置到如图 7-22 所示的位置。

03　根据"总平面"图层的线稿，添加图例，如图 7-23 所示。

彩平面是一种空间关系的简单表达，里面的图例仍然和建筑一样存在着投影效果，所以我们需要给该图例图层制作阴影。由于该平面图会牵涉到很多这样的图例图层的阴影制作，所以在这里我们介绍一种简单的方法：动作，为不同的图层快速地制作阴影效果。

动作面板是建立、编辑和执行动作的主要场所，选择【窗口】|【动作】命令，在图像窗口中显示动作面板如图 7-24 所示。

图 7-21　选择的图例

图 7-22　添加第一个图例

图 7-23　添加主干道图例

图 7-24　动作面板

软件本身自带了一些动作，只要选择相应的动作，然后单击【播放】按钮，软件就会自动按照原来动作的每一步设置的参数、命令等进行操作。当然也可以自己新建动作，并可以自己给动作命名，便于自己查找，然后单击【记录】按钮，后面每一步操作将被自动记录下来，当你的操作完成之后，再单击【停止】按钮，这样动作就被保存了，并存在于动作面板里面。当需要的时候，只要选择该动作，单击【播放】按钮即可，非常快捷、省事。

下面就以"主干道树"图例图层为例，来学习动作的记录和应用。

04 选择图例所在的图层，打开动作面板，单击【新建】按钮，弹出新建动作命名窗口，可以选择默认的命名，也可以自定义命名，在这里我们命名为"制作影子"，单击【记录】按钮。开始记录动作。

05 按 Ctrl+J 快捷键，复制"主干道树"图层至新的图层，得到该图层副本。

06 按 Ctrl +"["键，将该图层下移一层，再按 Ctrl+M 快捷键，打开【曲线】调整对话框，设置曲线的输出值为 0，输入值为 255，使图像变成黑色。

07 根据建筑的投影方向，按方向键向右、向下分别移动 2 个单位。

08 设置图层的不透明度为 80%，对比效果如图 7-25 所示。

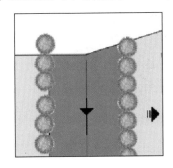

图 7-25　添加影子前后对比

09 单击动作面板下方的【停止】按钮，完成动作记录，动作面板中新增动作如图 7-26 所示，该动作就可用于其他图层的影子制作了。

10 添加"次干道树"图例，效果如图 7-27 所示。

图 7-26 新增动作

图 7-27 新增图例

11 选择"次干道树"图层，然后按 F9 键展开动作面板，选择"制作影子"动作，单击【播放】按钮，执行该动作，效果如图 7-28 所示。

图 7-28 添加次干道树的影子

12 同样的方法添加其余图例以及图例的影子，添加效果如图 7-29 所示。

图 7-29 添加树木图例

7.2.5 制作铺装

在总平面图的设计中，马路、草地的周围一般都是地砖铺砌而成的人行铺地，制作时只需选择合适的地砖纹理，然后进行图案填充即可。

本例中有广场、人行道等多种铺地，制作时先定义图案，然后使用填充工具或图案叠加图层样式制作。

下面学习几种铺地的制作方法。

1. 用软件自带的图案制作铺装效果

01 在前面我们对效果图进行了分区处理，首先选择"铺装 1 色块"图层，按住 Ctrl 键，单击该图层缩览图，将其载入选区，如图 7-30 所示，可以看出主要是马路两侧的人行道。

图 7-30　载入选区

02 双击图层缩览图，打开图层样式面板，在样式列表中选择并勾选"图案叠加"样式，展开"图案叠加"样式面板，在图案列表中选择软件自带的"纹理拼贴"图案，如图 7-31 所示。

03 设置混合模式为"正片叠底"，缩放比例设置为 63%，单击【确定】按钮，效果如图 7-32 所示。

图 7-31　选择图案　　　　　　　　　图 7-32　图案叠加效果

2. 定义图案制作铺装

在制作铺装的时候，仅有系统自带的图案是远远不能满足需要的，这里介绍利用图片定义图案制作铺装效果。

01 选择"铺装3色块"。

02 打开配套光盘给定的铺装素材，如图 7-33 所示，选择其中的"点格铺装"如图 7-34 所示。

图 7-33 铺装素材

图 7-34 点格铺装

03 单击工具箱中的矩形选框工具【▢】，框选该素材的一个重复元素，如图 7-35 所示。

04 执行【编辑】|【定义图案】命令，将该图案命名为"点格铺装"，如图 7-36 所示。

图 7-35 选择单个图案元素

图 7-36 定义图案

05 回到彩平面文件窗口，展开图层面板，将"铺装3色块"载入选区，如图 7-37 中红线框包围的区域所示。

06 双击"铺装3色块"图层缩览图，打开图层样式面板，同样在图层样式中勾选"图案叠加"，在图案列表中选择刚刚定义的"点格图案"，设置参数如图 7-38 所示。

图 7-37 载入选区

图 7-38 图案叠加参数设置

07 添加效果如图 7-39 所示。

图 7-39　图案叠加效果

08 同样的方法制作其余的铺装效果，效果如图 7-40 所示。

图 7-40　铺装完成效果

3．填充法制作水景广场铺装效果

在制作之前，首先来看完成效果，如图 7-41 所示，色彩缤纷的广场丰富了效果图的色彩，打破沉闷的纯绿色气氛，另外生动的墙砖铺装和木质小桥使得效果图更显活泼，接下来学习制作。

图 7-41　水景广场

01 单击新建组按钮【　】，新建一个组，命名为"水景广场"，便于与其他图层区别和管理。

02 按 Ctrl+O 快捷键，打开配套光盘提供的砖墙图像文件，如图 7-42 所示，将其定义为图案。

03 选择"总平面"图层，使用魔棒工具【　】，单击砖墙铺装的区域，将其进行选择。

04 按 Ctrl+Shift+N 组合键，新建一个图层，填充任意颜色，双击该图层缩览图，打开图层样式面板，勾选"图案叠加"样式，在图案列表中选择"砖墙铺装"图案，设置参数如图 7-43 所示。

图 7-42　砖墙素材

图 7-43　设置参数

05 单击【确定】按钮，得到如图 7-44 所示的铺装效果。

06 选择"总平面"线稿图层，使用魔棒工具【　】间隔选取选区。

07 新建一个图层，设置前景色为粉红色，色值参考为#edaece，填充颜色，如图 7-45 所示。

图 7-44　铺装效果

图 7-45　填充广场砖

08 使用同样的方法填充其余方砖，通过填充不同的颜色，制作五彩缤纷的广场砖效果，如图 7-46 所示。

09 打开"SH109.jpg"木纹图像文件，如图 7-47 所示。

图 7-46　广场砖效果

图 7-47　木纹素材

10　将其复制、粘贴至效果图中，制作小木桥效果。

11　按 Ctrl+T 快捷键，调用变换命令，在工具选项栏中设置参数如图 7-48 所示。

图 7-48　变换参数设置

12　按回车键应用变换，将该图层复制一层，将小桥全部覆盖，再合并这两个图层，重命名为"桥"。

13　选择"图层 1"线稿，使用魔棒工具【🪄】单击桥面部分，将桥面区域进行选择，再回到"桥"这个图层，单击图层面板下方的图层蒙版按钮【◙】，将多余的木纹素材隐藏，效果如图 7-49 所示。

图 7-49　小木桥效果

7.2.6 制作水面

　　水对人有怡心养性的景观功能，以及调节气温、净化空气环境的作用。为了迎合人们返璞归真的生活理想，傍水而居的普遍愿望，许多建筑开发商都在住宅景观设计中引入了水景景观设计，开凿人工河道，搭建亭、桥、廊、榭等水边建筑，构筑叠水、溪流、瀑布、喷泉、水池等水景景观，勾勒出一幅人与环境和谐融洽的美好画卷。

　　水面制作有颜色填充、渐变、水面图像等多种方法，无论使用何种方法都应表现出水边岸堤在水面上的投影，水面的质感和光感变化，如图 7-50 所示为几种水景效果。

图 7-50　水景效果

01 打开合适的水面素材，如图 7-51 所示，将其添加至效果图中。

02 按 Ctrl+T 快捷键，调用变换命令将图像缩放至水池大小，如图 7-52 所示。

图 7-51 水面素材 1

图 7-52 缩放素材

03 将"水面"图层载入选区，单击图层面板下方的图层蒙版按钮【 ▣ 】，将多余素材进行隐藏，如图 7-53 所示。

04 由于整个彩色平面图的颜色偏暗，没有亮点，在这里将水面作为亮点的表现对象，那么需要对水面进行一个调整，使其凸现出来。

05 按 Ctrl+U 快捷键，打开【色相/饱和度】对话框，调整参数如图 7-54 所示，通过色相的调整调整水面颜色偏青色，这样和效果图的色调比较协调，同时提高饱和度和提亮明度，是颜色看起来鲜艳、明亮，效果如图 7-55 所示。

图 7-53 添加蒙版

图 7-54 "色相/饱和度"参数设置

06 打开一张水面素材，如图 7-56 所示，用来制作其余水面效果。

图 7-55 "色相/饱和度"调整效果

图 7-56 水面素材 2

07 同样将其添加至彩色平面图中，给它添加图层蒙版，如图 7-57 所示。

08 添加这个真实的水面素材以后，水面的纹理质感得到了体现，美中不足的是水面的明暗关系模糊，根据光线的方向我们可以确定，水面应该表现为左侧光线明亮，右侧稍偏暗，这里我们采取新建渐变图层的方法来解决这一问题。

09 新建一个图层，设置前景色为蓝色，色值参考为# "75c3ed"，设置背景色为白色。

10 单击工具箱中的渐变工具【■】，拉伸渐变如图 7-58 所示。

11 更改图层【混合模式】为"叠加"，完成水面的制作。

图 7-57　添加水面素材 2

图 7-58　拉伸渐变

7.2.7 制作玻璃屋顶

在制作玻璃屋顶之前，首先要假设光线的方向，这样才可以确定玻璃屋顶的亮面和暗面，假设光线是从左上角射过来的，那么相应的玻璃的亮面就在左边。确定了光线的方向，做起来就不难了。

01 选择"总平面"图层，使用魔棒工具【※】选择"1"区，如图 7-59 所示，这是玻璃屋顶最暗的一面。

02 新建图层，命名为"亭子1"，设置前景色为蓝色，色值为# "4070a0"，按 Alt+Delete 快捷键，快速填充前景色。

03 根据颜色亮暗变化，区域"2"的填充颜色的色值为# "77a5d8"，它的颜色稍微比区域"1"的亮。区域"3"的填充颜色的色值为# "e1effa"，区域"4"的填充颜色的色值为# "b6cae2"，最后的填充效果如图 7-60 所示。

图 7-59　玻璃屋顶分区示意图

图 7-60　玻璃屋顶填充效果

04 使用矩形选框工具【▯】，将玻璃屋顶全部框选，按住 Alt 键拖动鼠标，复制得到另外两个屋顶，更改图层不透明度为 90%，体现玻璃半透明的特点。

7.2.8 细化草地

草地的制作方法较多，可以使用草地纹理图像、颜色填充、渐变填充或者使用滤镜制作，或者几种方法同时使用。草地在建筑红线内外一定要区分开色相、明度和饱和度，不然颜色因缺少变化而显得呆板。

对于比较大的彩色平面图，尽量不要使用一块真实的草地图片来代替颜色填充，虽然草地图片看起来很真实，但是整体不协调，还会加大内存消耗。

如图 7-61 所示为几种草地的制作效果。

使用草地纹理制作

使用颜色填充和滤镜制作

图 7-61　几种草地效果

接下来学习草地的细化处理。

01 选择"草地色块"图层，将其载入选区。

02 执行【滤镜】|【杂色】|【添加杂色】命令，设置杂色参数如图 7-62 所示。

03 可以查看草地添加杂色效果之后，体积感增强，效果如图 7-63 所示。

图 7-62　添加杂色

图 7-63　杂色效果

04 执行【滤镜】|【模糊】|【动感模糊】命令，设置参数如图 7-64 所示。

05 单击【确定】按钮，效果如所示。

<table>
<tr><td>图 7-64　"动感模糊"参数设置</td><td>图 7-65　"动感模糊"效果</td></tr>
</table>

06　制作草地的纹理完成之后，继续提亮某些草地区域，制作草地的层次感，首先单击工具箱中的画笔工具【　】，设置参数如图 7-66 所示。

图 7-66　画笔工具参数设置

07　在"草地色块"图层上方新建图层，命名为"光点"，设置前景色为黄色，色值参考为#"f4e927"，进行光点绘制，如图 7-67 所示。

图 7-67　绘制光点

08　更改图层的【混合模式】为"叠加"，不透明度为 70%左右，效果如图 7-68 所示。

图 7-68　光点"叠加"效果

09 为了体现彩色平面图"左亮右暗"的光线效果，继续完善草地的明暗效果，继续新建一个图层，命名为"渐变"图层。

10 按 D 键，恢复系统默认的颜色设置，然后将"草地色块"载入选区，拉伸一个从右下角往左上角的渐变，如图 7-69 所示。

图 7-69　拉伸渐变

11 更改图层的【混合模式】为"叠加"，不透明度为 50%，效果如图 7-70 所示。

图 7-70　更改图层属性

12 完善画面，补充一些细节素材，在这里就不细述了，打开"文字.eps"文件，进行栅格化处理，按 Ctrl+A 快捷键全选图像，回到彩色平面图，按 Ctrl+Shift+V 快捷键，进行中心对齐粘贴，将该图层重命名为"文字"，置于图层的最顶层，最后完成效果如图 7-71 所示。

7.3 月亮岛旅游区大型规划总平面图

随着国内经济的发展和人们生活水平的提高，旅游业得到了迅猛的发展，旅游消费潜力巨大，全国各地都在因地制宜地开发各类旅游区，以吸引更多的旅游者。

本节制作如图 7-72 所示的月亮岛旅游区大型规划总平面图。

图 7-71　彩色总平面图最终效果　　　　　　　　　　图 7-72　月亮岛旅游区规划总平面图

7.3.1 栅格化 EPS 文件

1. 栅格化 EPS 文件

01 运行 Photoshop 软件，按 Ctrl+O 快捷键，打开 AutoCAD 打印输出的"天池湖月亮岛总平面-model.eps"图形，系统弹出"栅格化 EPS 格式"对话框，在对话框中根据需要设置合适的图像大小和分辨率，如图 7-73 所示。

02 单击【确定】按钮开始栅格化处理，得到一个透明背景的线框图像，将线框图层重命名为"总平面"。

03 按 Ctrl 键单击图层面板 按钮，在当前图层下方新建一个图层。按 D 键恢复前 / 背景色为默认的黑/白颜色，按 Ctrl + Delete 快捷键填充白色，得到一个白色背景，以便于查看线框，如图 7-74 所示。

图 7-73　设置栅格化参数

图 7-74　新建图层并填充白色

04 选择白色填充图层为当前图层，执行【图层】|【新建】|【背景图层】命令，将填充图层转换为背景图层。

05 按 Ctrl+S 快捷键，保存图像为 "天池湖月亮岛总平面.psd"。

2. 拼合图像

01 按 Ctrl+O 快捷键，以同样的参数栅格化 "植物.eps" 和 "文字.eps" 等文件。

02 选择移动工具【🛦+】，按 Shift 键分别拖动植物图层和文字图层至彩平图像窗口。重命名新建图层，以便于识别，在建立图层时，可以右击鼠标，在出现的菜单中为图层设置一种颜色，这样便于更好的管理每个图层，如图 7-75 所示。

03 选择工具箱裁剪工具【🔪】，去除多余的空白区域，结果如图 7-76 所示，以减少图像文件的大小，节省系统内存和磁盘空间。

图 7-75　组合图层

图 7-76　裁剪图像

7.3.2 制作草地

草地制作的方法较多，可以使用草地纹理图像、颜色填充、渐变填充或者使用滤镜制作，甚至几种方法同时使用。

01 打开 "天池湖月亮岛总平面.psd" 文件，选择 "总平面" 图层，首先要做的工作就是检查线稿是否完全闭合。

02 暂时隐藏 "文字" 和 "植物" 等图层，新建 "草地" 图层。单击工具箱中的魔棒工具【🪄】，设置参数如图 7-77 所示。

图 7-77　魔棒工具参数

03 用魔棒选取线稿中的草地规划区域，得到选区，单击面板中的新建图层按钮【🗔】，新建 "草地" 图层。设置前景色如图 7-78 所示。按 Alt+Delete 快捷键，快速填充前景色，给草地填充一个基本色，如图 7-79 所示。

图 7-78　设置前景色

图 7-79　填充前景色

04　草地部分以绿色色块与其他元素进行了简单的区分，使用同样的方法，再划分绿化区域和建筑区域，以及铺装和水面区域，简单的以色块进行划分，色值参考配套光盘中的 PSD 源文件，最后效果如图 7-80 所示。

图 7-80　填充色块

图 7-81　"添加杂色"对话框

整个草地使用单一的颜色制作，会使草地极不真实，需要添加一些颜色变化和纹理。

05　执行【滤镜】|【杂色】|【添加杂色】命令，打开"添加杂色"对话框，设置参数如图 7-81 所示。

06　执行【滤镜】|【模糊】|【高斯模糊】命令，打开"高斯模糊"对话框，设置模糊参数如图 7-82 所示。

图 7-82　"高斯模糊"对话框

图 7-83　设置参数

187

07 选择工具箱中的加深工具 和减淡工具 ，调整草地的颜色和光感，本岛四周为海，水域面积比较大，要将靠近水面区域的草地调亮一些。其他地方的草地调整的稍微暗一些，从而形成光感和颜色的对比，使草地颜色富于变化。新建一个图层，选择工具栏中的画笔工具【 】，设置前景色如图 7-83 所示，选择"草地"图层为当前图层，在合适位置涂抹。

08 更改图层的【混合模式】为"叠加"。

09 重复使用上述方法制作草地颜色渐变效果，结果如图 7-85 所示。

图 7-84　画笔涂抹

图 7-85　渐变效果

7.3.3 制作铺地

在总平面图的设计中，楼房、马路、草地的周围一般都是地砖铺砌而成的人行铺地，制作时只需选择合适的地砖纹理，然后进行图案填充即可。

1. 使用图层样式制作铺地

本小岛有小广场、林荫小道等人行铺地，制作时先定义图案，然后使用填充工具或图案叠加图层样式制作。

下面制作通向中心服务区的铺砖，来学习铺地的制作方法。

01 按 Ctrl +O 快捷键，打开如图 7-86 所示的广场砖图像。

02 按 Ctrl +A 键全选图像，执行【编辑】|【定义图案】命令，打开"图案名称"对话框，创建"广场砖"图案，如图 7-87 所示。

图 7-86　打开图像

图 7-87　创建图案

03 单击"总平面"图层，使用魔棒工具 ，选取广场区域，创建"铺地"图层。按 Alt+Delete 键或 Ctrl+Delete 键，在选区内填充任意颜色，如图 7-88 所示。

04 执行【图层】|【图层样式】|【图案叠加】命令，打开"图层样式"对话框，在"图案"列表框中选择前面定义的"广场砖"图案。根据需要设置"缩放"比例，如图 7-89 所示。

图 7-88　填充颜色

图 7-89　设置图案填充参数

05 制作完成的铺地效果图 7-90 所示。

2．填充法制作广场铺装效果

对于小面积的铺地，可以填充颜色表示，如图 7-91 所示。色彩缤纷的广场丰富了效果图的色彩，打破沉闷的纯绿色气氛，使得效果图更显活泼。

图 7-90　图案铺地效果

图 7-91　填充颜色表示铺地

7.3.4 制作水面

自古以来，中国人择居的一个重要原则就是依山傍水。人们之所以会有亲水的情感，可以从生理学和心理学两个层面来了解。随着生活水平的提高，人们对居住和游玩的环境也有了更高的要求。不仅仅要求环境"绿草蔓如丝"、"花蝶俱不息"，更希望闲暇时徜徉在"小桥流水"、"杨柳依依"的湖泊之中。

水面制作有颜色填充、渐变等多种方法。无论使用何种方法都应表现出水面的质感和光感变化。下面首先制作垂钓池的水面效果。

01 新建"垂钓池"图层，使用魔棒工具选择垂钓池水面区域，按 Alt+Delete 快捷键填充淡蓝色 #4cd7f4，如图 7-92 所示。按 Ctrl +D 快捷键取消选择。

02 选择画笔工具，设置前景色为#4ac1e3，在水面涂抹，表现水面颜色的变化如图 7-93 所示。

图 7-92 选择并填充水面

图 7-93 用画笔涂抹

03 选择加深工具 和减淡工具 ，设置曝光度为 20%，对水面亮度进行调整，如图 7-94 所示，水面中心区域一般稍微亮一些，周围区域要暗一些。

04 执行【滤镜】|【杂色】|【添加杂色】命令，打开"添加杂色"对话框，设置参数如图 7-95 所示，模拟出水面波光粼粼的效果。

图 7-94 使用加深和减淡工具调整光感

图 7-95 "添加杂色"对话框

05 单击图层面板添加图层样式按钮【 fx.】，在弹出的下拉菜单中选择"内阴影"选项，如图 7-96 所示。打开"图层样式"对话框，加大内阴影"距离"和"大小"参数值，如图 7-97 所示，加强投影效果。最后设置图层样式为"变暗"模式。

图 7-96 选择"内阴影"选项

图 7-97 设置内阴影参数

06 制作完成的水面效果如图 7-98 所示。

07 使用相同的方法制作环岛的海面，如图 7-99 所示。

图 7-98　水面效果

图 7-99　海面效果

7.3.5 添加小品图例

通过前面层次分区的处理，彩色平面图基本完成，接下来给总平面图添加小品图例。

01 新建"小品"图层，并设置为当前图层。

02 选择魔棒工具，选择需要填充的区域，对图案进行填充。选择图层面板添加图层样式按钮【 fx. 】，在弹出的下拉菜单中选择"投影"选项。打开"图层样式"对话框，加大内阴影"距离"和"大小"参数值，如图 7-100 所示，效果如图 7-101 所示。

图 7-100　设置投影参数

图 7-101　填充颜色

03 打开配套光盘中的"经典平面资料.psd"文件素材，如图 7-102 所示。

04 选择如图 7-103 的图例，使用移动工具【 ▶️ 】将其拖动至总平面图窗口，放置到如图 7-104 所示的位置。

图 7-102　打开图例

图 7-103　选择的图例

05　使用相同的方法添加其他小品图例，如图 7-105 所示。

图 7-104　添加图例

图 7-105　添加其他图例

7.3.6 植物的添加

01　单击"植物"图层前的按钮 ⊙ ，将隐藏的植物图层打开。使用前面介绍的填充方法，对地被植物进行填充，如图 7-106 所示。

02　单击新建组按钮【 ▢ 】，新建一个组，命名为"灌木"图层，以方便图层区别和管理。

03　按 Ctrl+O 快捷键，打开"经典平面资料.psd"素材文件。使用套索工具 ⫰ 和移动工具 ▶✛ ，将植物调入到场景中，如图 7-107 所示。

04　根据"总平面"图层的线稿，添加其他植物图例，如图 7-108 所示。

图 7-106　填充地被植物　　　　　图 7-107　添加第一个植物　　　　　图 7-108　添加其他植物图例

7.3.7 图像的整体调整

01　在可见图层的最上方新建"阳光"图层，设置前景色为#f4e000，选择画笔工具 ，设置工具选项栏参数如图 7-109 所示。

图 7-109　设置画笔参数

02　使用画笔在图中合适位置涂抹，如图 7-110 所示。

03　设置图层的"混合模式"为"亮光"，并设置填充参数为 50，制作如图 7-111 所示的阳光效果。

图 7-110　用画笔涂抹　　　　　　　　　图 7-111　阳光效果

04　单击图层面板中的创建新的填充或调整图层按钮【 🌑 】，如图 7-112 所示。在弹出的下拉菜单中选择【照片滤镜】命令，在弹出的"照片滤镜"对话框中设置参数，如图 7-113 所示。

图 7-112　选择"照片滤镜"命令

图 7-113　照片滤镜参数设置

05 回到最顶层，按 Ctrl+Alt+Shift+E 组合键盖印可见图层，将该图层命名为"盖印层"。如图 7-114 所示。

06 将盖印层置为当前图层，选择【图像】|【调整】|【去色】命令，将图像进行去色处理，效果如图 7-115 所示。

图 7-114　选择"照片滤镜"命令

图 7-115　去色后的图像效果

07 在【图层】面板中将"盖印层"图层的混合模式改为"柔光"，并设置【不透明度】为 70%。至此，月亮岛旅游区大型规划总平面图制作完成。

室内效果图后期处理实战

与室外效果图后期处理不同，室内效果图后期处理时添加的配景一般较少，主要工作是调整效果图颜色、亮度和色调，特别是当场景灯光不是很理想时，往往会需要很多的处理步骤。

由于家装和工装的设计定位、服务对象和侧重点不同，因此本章分别从家装和工装角度介绍了室内效果图的后期处理方法。

第 8 章

8.1 家装效果图后期处理

家装设计以家庭住宅室内空间为对象，以创造一个舒适的家庭生活空间，满足工作、学习和休息的需要为目的。家装效果图的后期处理，力求强调效果图的功能特点。

8.1.1 把握室内效果图的颜色

色彩是人们在室内环境中最为重要的视觉感受，同时也是室内设计中最为生动、最为活跃的因素，往往给人们留下室内环境的第一印象。

在对家居空间进行后期处理之前，应根据主体构思，确定一个住宅室内环境的主色调。例如作为会客、娱乐的场所，客厅多调整为中性，卧室作为私密性很强的空间，更多地强调房主的个人偏好，一般设置为紫色或是暖色调，突出温馨、舒适的感觉。

如图 8-1 所示的简约客厅渲染图像偏冷，偏暗，不符合家装客厅的设计定位。作为家居空间，应以暖色调为主，营造出温馨、舒适的气氛，处理效果如图 8-2 所示。

图 8-1　3ds max 渲染效果　　　　　　　　　　图 8-2　后期处理效果

1. 整体颜色和色调调整

01 按 Ctrl+J 快捷键复制图层，下面的调整都将在该副本图层上进行，以避免破坏原图像。当调整有误时，仍然可以复制原图像重新进行调整。

02 纠正图像颜色偏差。按 Ctrl+B 快捷键，打开【色彩平衡】对话框，为图像添加红色和黄色色调，如图 8-3 所示，颜色偏差得到极大的改善。

03 调整图像偏暗的问题。按 Ctrl+L 快捷键，打开【色阶】对话框，将高光滑块向左移动，如图 8-4 所示，扩展图像色调范围，增加图像亮度。

经过上述调整后，图像质量得到极大的改善，下面分别调整各个材质区域。纠正局部图像的颜色和色调问题。

图 8-3　纠正图像色偏

图 8-4　增加图像亮度

2．局部材质调整

01　打开配套光盘提供的材质通道图像，如图 8-5 所示。

02　选择移动工具【】，按 Shift 键将材质通道图像拖动复制至效果图窗口，重命名新图层为"通道"，将图层移动至"背景 副本"图层下方，如图 8-6 所示。

03　确认"通道"图层为当前图层，选择工具箱魔棒工具【🪄】，取消工具选项栏"连续"复选框勾选，在沙发背景墙区域单击，选择该材质区域，如图 8-6 所示。

图 8-5　材质通道图像

图 8-6　选择沙发背景墙材质区域

04　选择"背景 副本"图层为当前图层，按 Ctrl+B 快捷键，打开【色彩平衡】对话框，调整背景墙材质颜色如图 8-7 所示。

05　选择电视背景墙材质区域，调整颜色如图 8-8 所示。

图 8-7　调整沙发背景墙颜色

图 8-8　调整电视背景墙颜色

06 选择黄色沙发材质区域，调整颜色如图 8-9 所示。

07 选择白色单人沙发材质区域，调整【曲线】如图 8-10 所示，提高沙发材质亮度。

图 8-9　调整沙发颜色　　　　　　　　　　　　图 8-10　调整单人沙发材质亮度

08 使用多边形套索工具【☐】选择吊顶的灯带区域，按 Shift+F6 快捷键，打开【羽化选区】对话框，设置羽化半径为 5 像素，对选区进行羽化。

09 按 Ctrl+B 快捷键，打开【色彩平衡】对话框，恢复灯带本来的颜色，如图 8-11 所示。
在实际工作过程中，读者可以根据需要对各区域材质进行更细致的颜色和色调调整。

3. 整体最终调整

01 执行【滤镜】|【锐化】|【USM 锐化】命令，打开【USM 锐化】对话框，设置参数如图 8-12 所示，使图像看起来更为清晰和锐利。

图 8-11　调整灯带颜色　　　　　　　　　　　　图 8-12　锐化图像

02 按 Ctrl+J 快捷键复制图像，得到"背景 副本 1"图层。执行【滤镜】|【模糊】|【高斯模糊】命令，设置参数如图 8-13 所示，对"背景副本 1"图层进行模糊处理。

03 按 Ctrl+M 快捷键，打开【曲线】对话框，将曲线向上弯曲，提高图像的亮度，如图 8-14 所示。

图 8-13　模糊图像　　　　　　　　　　　　　　　　图 8-14　提高图像亮度

04 设置"背景 副本 2"图层为"叠加"混合模式，降低图层不透明度，如图 8-15 所示，以加强图像的亮度和材质质感。

05 执行【图层】|【拼合图像】命令，合并所有图层，执行【图像】|【调整】|【亮度/对比度】命令，增强图像的对比度和亮度，如图 8-16 所示，完成室内客厅效果图的最终调整。

图 8-15　设置图层属性　　　　　　　　　　　　　图 8-16　"亮度/对比度"调整

8.1.2 为室内效果图添加配景

为了减少 3ds max 建模和渲染的工作量，提高工作效率，很多室内效果图的配景都需要在 Photoshop 后期处理时添加，如植物、生活用品和装饰品等。添加室内配景需要使用到 Photoshop 的变换和颜色调整功能，使添加的配景与室内透视关系、颜色协调一致。

图 8-17 和图 8-18 所示为休闲室添加配景前后的对比，添加配景后的休闲室更为真实、生动和富有情趣。

1．整体调整颜色和色调

仔细观察如图 8-17 所示的休闲室效果，会发现图像明显偏灰、偏暗。在添加配景之前，需要对整体颜色和色调进行调整。

图 8-17　添加配景前　　　　　　　　　　　　　　　图 8-18　添加配景后

01 运行 Photoshop CS6 软件，打开 3ds max 渲染输出的 "休闲室.tga" 文件。执行【图层】|【新建调整图层】|【色阶】命令，在打开的【色阶】对话框中分别将暗调和高光滑块向中间移动，如图 8-19 所示，增加图像的色调范围，加强对比度。

02 执行【图层】|【新建调整图层】|【亮度/对比度】命令，设置参数如图 8-20 所示，增加图像亮度和对比度。

03 执行【图层】|【新建调整图层】|【色彩平衡】命令，分别选择 "阴影" 和 "高光" 单选项，设置参数如图 8-21 所示，在阴影区域增加冷色调，在高光区域增加暖色调，增强图像冷暖色调对比，使效果图颜色更为生动。

图 8-19　"色阶" 调整　　　　　图 8-20　"亮度/对比度" 调整　　　　　图 8-21　"色彩平衡" 调整

提示　使用调整图层可以在不破坏原图像的前提下自由调整图像颜色和色调，而且还可以在整个后期处理的过程中，随时更改调整参数。

04 图像颜色调整效果如图 8-22 所示，在图层调板中得到三个颜色调整图层。

2．添加室外环境

01 切换至通道调板，按 Ctrl 键单击 Alpha 1 通道，载入通道选区，按 Ctrl+Shift+I 组合键键，反选当前选区，得到室外环境区域，如图 8-23 所示。

图 8-22　调整效果

图 8-23　载入通道选区

02　打开一幅环境图片，如图 8-24 所示。按 Ctrl+A 快捷键全选图像，按 Ctrl+C 快捷键复制图像至剪贴板。

03　切换至休闲室效果图窗口，执行【编辑】|【选择性粘贴】|【贴入】命令，得到以当前选区为蒙版的新建图层，多余的环境图像被隐藏。按 Ctrl+T 快捷键开启自由变换，调整环境图像的方向和大小，使透视角度与效果图保持一致，如图 8-25 所示。

图 8-24　打开环境图片

图 8-25　粘入图像

3．添加阳台植物

01　打开配套光盘提供的"植物 1.tga"和"植物 2.tga"素材，如图 8-26 所示。

02　选择工具箱移动工具【▸╋】，将植物 1 素材拖动复制两份，按 Ctrl+T 快捷键分别调整大小、方向和位置如图 8-27 所示。

植物 1　　　　植物 2

图 8-26　植物素材

图 8-27　复制植物素材 1

03 单击图层面板下方的蒙版按钮【 ▢ 】，使用多边形套索工具【 ▽ 】选择阳台躺椅和阳台推拉门，在选区内填充黑色，隐藏该区域植物图像，得到植物位于躺椅和门框后侧的效果，如图 8-28 所示。

04 使用同样的方法继续添加其他植物配景，如图 8-29 所示。

图 8-28　添加图层蒙版　　　　　　　　　　　图 8-29　添加阳台其他植物

4.　添加挂画和照片

01 打开配套光盘提供的挂画和照片素材，如图 8-30 所示。

图 8-30　挂画和照片素材

02 选择移动工具【 ▶⊕ 】，将挂画素材拖动复制至效果图窗口，按 Ctrl+T 快捷键调整大小如图 8-31 所示。

03 按住 Ctrl 键，分别拖动变换框的 4 个角点至画框的四角，如图 8-32 所示，扭曲变换挂画，使挂画透视方向与画框保持一致，变换变成后，按回车键应用变换。

图 8-31　调整挂画大小　　　　　　　　　　　图 8-32　扭曲变换

04 挂画的颜色太亮，与室内环境不够协调，需要进行调整。按 Ctrl+U 快捷键，打开【色相/饱和度】对话框，调整参数如图 8-33 所示，降低挂画的饱和度和亮度。

图 8-33　"色相/饱和度"调整　　　　　　　　　　　图 8-34　挂画调整效果

05 挂画的调整效果如图 8-34 所示，得到了比较好的合成结果。

06 使用同样的方法添加桌子上的相框照片，如图 8-35 所示。

图 8-35　添加相框照片

5. 添加室内干花装饰

01 按 Ctrl+O 快捷键，打开干花图像素材。按 Ctrl 键单击通道调板 "Alpha 1" 通道，载入通道选区，干花图像被选中。

02 选择移动工具【▶＋】，将选择的干花图像复制至效果图窗口，按 Ctrl+T 快捷键调整大小和位置如图 8-36 所示。

03 执行【图层】|【修边】|【移去白色杂边】命令，将干花图像的白边去除。

04 制作阴影和倒影，使干花与地面结合更为自然。按 Ctrl+J 快捷键复制图层，按 Ctrl+ "[" 快捷键，将副本图层移动至原图层下方。

05 按 Ctrl + T 快捷键开启自由变换，右击鼠标并选择【垂直翻转】命令，调整图像的方向，按 Ctrl 键向右拖动变换框下边框的中点，使倒影的方向与原图像保持方向一致，如图 8-37 所示。

图 8-36　添加干花素材

图 8-37　变换图像

06 选择多边形套索工具【🔽】，勾选干枝右侧区域，如图 8-38 所示。

07 按 Ctrl 键拖动右侧变换框控制点，扭曲变换图像如图 8-39 所示，使倒影与原图像在地面位置能够紧密结合，以符合倒影规律，最后按回车键应用变换。

图 8-38　选择右侧图像

图 8-39　变换图像

08 执行【滤镜】|【模糊】|【高斯模糊】命令，打开【高斯模糊】对话框，设置参数如图 8-40 所示，对倒影进行模糊处理。

09 降低图层不透明度为 50%，减少倒影强度，然后添加图层蒙版并填充黑白渐变，使倒影逐渐消失，如图 8-41 所示。

图 8-40　模糊图像

图 8-41　添加图层蒙版并设置图层

10 复制干支图层，使用同样的方法制作干枝在地面上的阴影效果，如图 8-42 所示，使干枝配景与地面结合自然。

11 使用相同的方法，在桌子上添加书本和装饰，最终完成休闲室室内效果图的配景添加工作，效果如图 8-18 所示。

8.1.3 别墅客厅后期处理综合实例

在分别介绍了室内效果图颜色调整和配景的添加方法之后，接下来以一个别墅客厅后期处理的综合实例，全面讲解这些知识和方法的综合运用技巧。

如图 8-43 和图 8-44 所示为别墅客厅处理前后的效果对比。

1. 整体效果调整

如图 8-43 所示的客厅整体色调比较丰富，但颜色偏冷，因此在局部材质调整前首先调整图像的整体颜色。

01 运行 Photoshop CS6 软件，打开别墅客厅渲染图像，按 Ctrl+J 快捷键复制图层，保留原图像作为备份。

图 8-42　制作干枝阴影　　　　　　　　图 8-43　别墅客厅渲染效果

02 按 Ctrl+B 快捷键，打开【色彩平衡】对话框，为图像增加红色和黄色色调，调整图像的色温，营造客厅的气氛，如图 8-45 所示。

图 8-44　别墅客厅后期处理效果　　　　　图 8-45　增加图像暖色调

2. 添加窗外背景

01 按 Ctrl+O 快捷键，打开配套光盘提供的树林图像，如图 8-46 所示。

02 按 Ctrl+A 快捷键全选图像，按 Ctrl+C 快捷键复制图像至剪贴板。

03 切换至效果图窗口，按 Shift 键，使用魔棒工具【 】选择窗玻璃材质区域，如图 8-47 所示。

图 8-46　打开树林图像

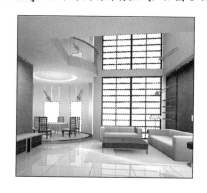

图 8-47　选择窗玻璃区域

04 执行【编辑】|【选择性粘贴】|【贴入】命令，将剪贴板图像贴入当前选区，得到以当前选区为蒙版的新建图层，玻璃外的背景图像被隐藏，如图 8-48 所示，按 Ctrl+T 快捷键调整背景图像大小和位置。

05 树木背景颜色偏绿，按 Ctrl+B 快捷键，打开【色彩平衡】对话框，调整树林图像的颜色如图 8-49 所示。

图 8-48　贴入图像

图 8-49　树林图像颜色调整

06 新建一个图层，设置前景色为白色，选择画笔工具【 】，在工具选项栏中设置图层不透明度为 20% 左右，在落地窗位置绘制如图 8-50 所示半透明白色图像。

图 8-50　绘制白色图像

07 按 Alt 键，拖动"树林背景"图层蒙版至白色图像图层，创建一个和"树林背景"同样的图层蒙版，玻璃区域外的白色图像被隐藏，模拟出阳光在树林里照射产生的雾效，如图 8-51 所示，同时也制作出了树林背景的层次和景深。

图 8-51　复制图层蒙版

3. 玻璃材质调整

玻璃材质的主要特性是透明和反射，只有模拟出了这两种玻璃材质特性，玻璃才会显得真实。本客厅场景有落地窗玻璃、阳台护栏玻璃几种，由于渲染器限制，没有渲染出玻璃的反射效果，需要在后期处理过程中模拟。

首先模拟落地窗玻璃反射。

01 按 Ctrl+Alt+Shift+E 组合键，盖印当前可见图层，得到一个当前所有图层的合并图层，如图 8-52 所示，重命名图层为"玻璃反射"。

图 8-52　盖印当前可见图层

02 确认【玻璃反射】图层为当前图层，按↑键，将图层向上、向右移动，以便在玻璃区域能看到室内沙发、椅子等反射的内容，按 Alt 键复制【树林背景】图层蒙版，设置图层不透明度为 30%，得到玻璃的反射，如图 8-53 所示。

图 8-53 复制图层蒙版

03 选择画笔工具【　】，设置前景色为黑色，在工具选项栏中设置不透明度为 20%，单击图层蒙版缩览图，进入蒙版编辑状态，在落地窗上端拖动鼠标，隐藏该区域反射图像，如图 8-54 所示。

图 8-54 编辑图层蒙版

04 打开配套光盘提供的窗帘素材，如图 8-55 所示。

05 执行【编辑】|【变换】|【水平翻转】命令，调整窗帘的方向，使用选择工具抠出窗帘图像，按 Ctrl+T 快捷键调整大小和位置如图 8-56 所示，使用多边形套索工具【　】选择删除多余的图像。

图 8-55 窗帘图像

图 8-56 添加窗帘

06 单击图层蒙版按钮【　】，为窗帘图层添加图层蒙版，选择画笔工具【　】，设置前景色为黑色，不透明度为 17%，在白色纱帘位置拖动鼠标，制作出纱帘半透明的效果。

07 按 Ctrl+J 快捷键，复制窗帘图层，按→键多次，将窗帘向右移动，降低图层不透明度，制作出窗帘在玻璃中的反光效果。

08 使用矩形选框工具【　】，在一层落地窗玻璃区域创建一个矩形选区并填充白色，如图 8-57 所示。

09 添加图层蒙版并降低图层不透明度，制作出底层玻璃的反光效果，如图 8-58 所示。

图 8-57　填充选区

图 8-58　降低图层不透明度

下面制作二层阳台玻璃的反射。

10 制作玻璃反射内容。选择图层面板最顶端的图层为当前图层，按 Ctrl+Alt+Shift+E 组合键，盖印当前可见图层。使用矩形选框工具选择落地窗区域，按 Ctrl+Shift+I 组合键反选当前选区，按 Delete 键清除图像，如图 8-59 所示。二层护栏玻璃反射的内容主要是落地窗图像。

11 根据反射的规律，执行【编辑】|【变换】|【水平翻转】命令，调整反射图像的方向。按 Ctrl+T 快捷键开启自由变形，按 Ctrl 键向下拖动变换框右侧中间控制点，斜切变换图像如图 8-60 所示。

图 8-59　清除多余图像

图 8-60　斜切变换图像

12 在右键菜单中选择【变形】命令，在进入变形变换模式。在工具选项栏中选择"拱形"变形，调整合适的"弯曲"参数值，得到如图 8-61 所示的变形效果，使反射图像与玻璃形状基本一致。

13 暂时隐藏反射图像图层，使用套索或钢笔工具选择二层玻璃区域，然后重新显示图层，如图 8-62 所示。

图 8-61　拱形变形　　　　　　　图 8-62　选择玻璃区域　　　　　　图 8-63　添加图层蒙版

14 单击图层蒙版按钮【 　 】，以当前选区创建图层蒙版，玻璃外的图像被隐藏，如图 8-63 所示。

15 单击蒙版缩览图，进入蒙版编辑状态。选择画笔工具【 　 】，设置前景色为黑色，在工具选项栏中设置不透明度为 10%左右，在玻璃中间区域拖动鼠标，降低该区域的反射强度，模拟出更为逼真的反射效果，因为玻璃的高光区域反射较弱，如图 8-64 所示。

16 单击图层缩览图，进入图层图像编辑状态。按 Ctrl+M 快捷键，打开【曲线】对话框，将曲线向下弯曲，降低反射图像亮度，如图 8-65 所示，使反射效果更明显。

图 8-64　编辑图层蒙版　　　　　　　　　　图 8-65　降低反射图像亮度

17 按 Ctrl+B 快捷键，打开【色彩平衡】对话框，调整反射图像的颜色如图 8-66 所示。

18 使用同样的方法，制作图像右侧阶梯护栏玻璃的反射效果，如图 8-67 所示。

图 8-66　颜色调整　　　　　　　　　　图 8-67　制作阶梯护栏玻璃效果

4．灯光光效制作

本效果图的灯光效果非常平淡，下面使用专用的光效画笔进行调整。

01 按 B 键选择画笔工具【　】，按 F5 键显示画笔调板，单击调板右上角的调板选项按钮　，打开调板菜单，选择【载入画笔】命令，如图 8-68 所示。

02 在打开的"载入"对话框中选择配套光盘提供的"灯光笔刷.abr"画笔文件，如图 8-69 所示。

图 8-68　打开调板菜单　　　　　　　　　　　　图 8-69　"载入"对话框

03 拖动画笔列表框滚动条，选择载入的"筒灯 2000"画笔形状，如图 8-70 所示。

04 新建一个图层，重命名为【筒灯】。选择画笔工具，设置前景色为白色，按"["键缩小画笔到合适大小，然后单击鼠标，绘制筒灯灯光效果如图 8-71 所示。

图 8-70　选择筒灯画笔

图 8-71　绘制筒灯光效

05 按 Ctrl+T 快捷键开启自由变换，扭曲变换图像如图 8-72 所示，使灯光光效与原灯光相吻合，最后按回车键应用变换。并设置不透明度为 30。

06 按 Ctrl 键单击图层缩览图，选择光效图像，按 Alt 键拖动复制，得到另两盏筒灯，如图 8-73 所示。

07 按 Ctrl 键再次单击【筒灯】图层缩览图，载入三个筒灯选区，并暂时隐藏该图层。

图 8-72　变换图像

图 8-73　复制筒灯

08 选择【背景 副本】图层为当前图层，按 Ctrl+M 快捷键打开【曲线】对话框，调整曲线如图 8-74 所示，提高该区域图像亮度，制作出筒灯的照射效果。

09 使用同样的方法可以制作出沙发背景墙的筒灯光效，如图 8-75 所示。

图 8-74　制作筒灯光效

图 8-75　制作沙发背景墙光效

5.　墙体材质调整

01 使用多边形套索工具【 】，选择如图 8-76 所示的墙体材质区域。

02 选择减淡工具【 】，在墙体靠窗的区域拖动鼠标，制作出阳光的照射效果，光线强度向内逐渐减弱，如图 8-77 所示。

图 8-76　选择墙体区域

图 8-77　制作墙体阳光照射效果

6.　添加配景

使用前面介绍的方法，为室内添加盆栽、沙发抱枕、挂画、植物、装饰瓶等配景素材，如图 8-78 所示，并制作相应的阴影和倒影效果。

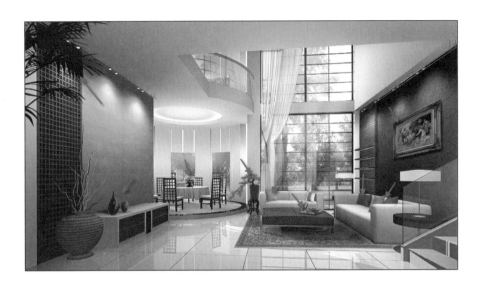

图 8-78　添加配景

7.　最终调整

01 选择图层调板最顶端的图层为当前图层，按 Ctrl+Alt+Shift+E 组合键，盖印当前所有可见图层。

02 执行【滤镜】|【模糊】|【高斯模糊】命令，打开【高斯模糊】对话框，设置模糊半径为 5，如图 8-79 所示，单击【确定】按钮。

图 8-79　高斯模糊

03 按 Ctrl+M 快捷键，打开【曲线】对话框，将控制曲线向上弯曲，提高图像亮度，如图 8-80 所示。

图 8-80　提高图像亮度

04 设置图层混合模式为"叠加"，不透明度为30%，将当前图层与下方图像进行混合，以加强颜色和光感，得到如图8-81所示的效果。

05 执行【图层】|【合并图层】命令，合并所有图层。

06 执行【滤镜】|【锐化】|【USM 锐化】命令，打开【USM 锐化】对话框，设置参数如图8-82所示，对图像进行锐化处理，加强清晰度，最终完成别墅客厅效果图的后期处理。

图 8-81　设置图层属性　　　　　　　　　　　　　图 8-82　锐化图像

8.2 工装效果图后期处理

工装泛指有一定规模的公共场所设施的装饰工程，例如商场、饭店、酒店、写字间、银行大厅等。与家装相比，工装专业分工较细，在进行工装效果图后期处理时，应根据空间的使用功能和建筑风格考虑不同的处理方法。例如行政大厅要体现其严肃性，酒店大厅应营造出富丽堂皇的效果，办公空间则要体现出严谨和井然有序。

8.2.1 酒店大堂效果图后期处理

宾馆大堂效果图的设计制作追求的是高贵典雅、富丽堂皇的视觉效果，所有的处理内容，包括室内墙壁、地板、天花板、装饰墙的颜色，以及添加的吊灯、射灯等装饰灯光，大都以金黄色调为主，以渲染氛围、烘托气氛。

这里以如图 8-83 所示的酒店大堂为例，重点讲解通过颜色和色调调整，营造酒店大堂气氛的方法，如图 8-84 所示为后期处理结果。

图 8-83　酒店大堂渲染效果

图 8-84　酒店大堂后期处理结果

仔细观察如图 8-83 所示的酒店大堂渲染效果，色调偏暗、颜色偏冷，需要在提高亮度的同时，增加暖色调。

01 调整图像的亮度。按 Ctrl+L 快捷键，打开【色阶】对话框，将高光滑块向左拖动，为图像增加高光，如图 8-85 所示。

图 8-85　色阶调整

02 执行【图像】|【调整】|【亮度/对比度】命令，将"亮度"和"对比度"滑块向右拖动，如图 8-86 所示，增加图像的亮度和对比度。

03 执行【图像】|【调整】|【照片滤镜】命令，打开【照片滤镜】对话框，选择"加温滤镜(85)"，设置"浓度"为 40%，如图 8-87 所示，为整个图像添加暖色调。

图 8-86　亮度和对比度调整

图 8-87　照片滤镜调整

04 执行【图像】|【调整】|【色彩平衡】命令，或直接按 Ctrl+B 快捷键，打开【色彩平衡】对话框，继续为图像增加红色和黄色暖色调，如图 8-88 所示。

图 8-88　色彩平衡调整

05　执行【图像】|【调整】|【曲线】命令，或按下 Ctrl+M 快捷键，打开【曲线】对话框，将控制曲线向上弯曲，增加图像的亮度和明暗层次，如图 8-89 所示，酒店大堂金碧辉煌效果就调整出来了。

图 8-89　曲线调整

8.2.2 餐厅包间后期处理

包间是工装设计常见的空间形式，本餐厅包间为中式风格，由于灯光布置原因，画面平淡，缺乏亮点，如图 8-90 所示。

如图 8-91 所示为 Photoshop 后期处理效果，通过制作灯带和吊顶的光效和质感，添加花瓶艺术装饰和制作镜子反射，以使个包间效果得到大大的改观。

图 8-90　3ds max 渲染效果

图 8-91　Photoshop 后期处理结果

1．整体调整

01　执行【图层】|【新建调整图层】|【色彩平衡】命令，打开【色彩平衡】对话框，调整参数如图 8-92 所示，以纠正图像的色偏。

02　选择画笔工具【　　】，设置前景色为黑色，设置工具选项栏不透明度为 20%，在吊顶位置涂抹，以消除色彩平衡调整对该区域的影响，最后设置图层不透明度为 70%，降低色彩平衡调整的强度，如图 8-93 所示。

图 8-92　色彩平衡调整

图 8-93　编辑图层蒙版

03 执行【图层】|【新建调整图层】|【色阶】命令，打开【色阶】对话框，将暗调滑块向左移动，增强图像的高光，如图 8-94 所示。

图 8-94　色阶调整

2．制作灯光特效

01　使用多边形套索工具【 ⬚ 】，选择包厢吊灯区域，选择"背景"图层为当前图层，按 Ctrl+J 快捷键将吊灯图像复制至新建图层，如图 8-95 所示。

图 8-95　复制吊灯至新建图层

02　按 Ctrl＋O 快捷键，打开如图 8-96 和图 8-97 所示的金箔纸图像。

图 8-96　金箔纸图像 1 　　　　　　　　　　　　　　　图 8-97　金箔纸图像 2

03　按 Ctrl＋T 快捷键开启自由变换，按 Ctrl 键拖动变换框角点，扭曲变换图像如图 8-98 所示，最后按下回车键应用变换。

图 8-98　扭曲变换金箔纸图像

04 将金箔纸图像 2 拖动复制至效果图窗口，进行同样的透视变换，设置图层为"叠加"混合模式，不透明度为 50%左右，得到如图 8-99 所示的效果，吊顶灯槽颜色和质感更为丰富。

图 8-99　添加金箔纸 2

05 新建一个图层，重命名为"灯带"图层，按 Ctrl 键单击"金箔纸 2"图层缩览图，载入图层选区。设置前景色为白色，按 Alt+Delete 快捷键填充，如图 8-100 所示。

图 8-100　填充白色

06 执行【选择】|【修改】|【收缩】命令，打开【收缩选区】对话框，设置"收缩量"为 15 像素，如图 8-101 所示。

07 按 Ctrl+Alt+D 组合键，打开【羽化选区】对话框，设置羽化半径为 10 像素，如图 8-102 所示。

图 8-101　"收缩选区"对话框

图 8-102　"羽化选区"对话框

08 按 Delele 键清除选区内的白色填充，设置图层为"叠加"混合模式，得到如图 8-103 所示的吊顶光带效果，按 Ctrl+D 快捷键取消选择。

图 8-103　设置图层属性

下面制作吊灯的光效。

09 选择"吊灯"图层为当前图层，按 Ctrl+L 快捷键，打开【色阶】对话框，调整参数如图 8-104 所示，提高吊灯图像的亮度。

图 8-104　调整吊灯亮度

10 按 Ctrl+O 快捷键，打开如图 8-105 所示的灯罩图像和图 8-106 所示皮纹图像。

图 8-105　灯罩图像

图 8-106　皮纹图像

11 将灯罩纹理图像拖动复制至效果图窗口，按 Ctrl+T 快捷键，调用变换命令，按 Ctrl 键拖动变换框角点，扭曲变换图像如图 8-107 所示。

图 8-107　变换图像

12 使用同样的方法，将灯罩图像和皮纹图像扭曲变换，置于如图 8-108 所示的 4 个灯罩面，制作出灯罩表面的纹理效果。

图 8-108　制作灯罩表面纹理

13 在"灯罩 2"图层上方新建一个图层，设置图层混合模式为"叠加"。选择画笔工具，设置前景色为白色，设置工具选项栏不透明度为 20%，在吊灯图像上涂抹，制作出吊灯的亮光效果，如图 8-109 所示。

图 8-109　绘制亮光

14 继续新建图层，设置图层混合模式为"叠加"，使用画笔绘制白色，制作出其他区域的吊灯亮光效果，如图 8-110 所示。

图 8-110　绘制其他亮光

3. 制作背景装饰墙

01 按 Ctrl+O 快捷键，打开如图 8-106 所示的纹理图像。

02 按 Ctrl+L 快捷键，打开【色阶】对话框，调整参数如图 8-111 所示。

03 按 Ctrl+U 快捷键，打开【色相/饱和度】对话框，调整图像颜色如图 8-112 所示。

图 8-111　色阶调整

图 8-112　颜色调整

04 按 Ctrl+A 快捷键全选图像，按 Ctrl+C 键复制图像至剪贴板。

05 切换至效果图窗口，使用椭圆选区工具【 ⬭ 】，选择如图 8-113 所示的圆形选区。

06 执行【编辑】|【选择性粘贴】|【贴入】命令，将剪贴板图像贴入当前选区，得到以当前选区为蒙版的新建图层，按 Ctrl+T 快捷键变换纹理图像至圆形大小，如图 8-114 所示。

07 按 Ctrl 键单击纹理图层缩览图，载入圆孔选区。新建一个图层，填充白色，然后收缩选区，设置收缩参数为 10，并使用 Shift+F6 快捷键羽化选区，设置羽化参数为 5，清除选区图像，设置图层为"叠加"混合模式，得到圆形灯带效果，如图 8-115 所示。

图 8-113　选择圆形区域

图 8-114　粘入图像

08　调入干枝图像，背景装饰墙效果制作完成，如图 8-116 所示。

图 8-115　制作圆形灯带

图 8-116　调入干枝图像

4. 制作镜子映射

包间左侧有两块大型落地镜，因为渲染错误成为了黑色，需要后期处理时添加镜面反射效果。

01 将配套光盘提供的瓷瓶配景添加至包间内侧的相应装饰台，调整合适的大小和位置，如图 8-117 所示。

图 8-117　添加瓷瓶配景

02 按 Ctrl+Alt+Shift＋E 组合键，盖印当前所有可见图层，合并图层重命名为"镜子 1"，如图 8-118 所示，镜子的镜面反射使用该图层制作。

图 8-118　盖印图层

03 使用多边形套索工具【 ✈ 】，选择外侧的镜子区域，如图 8-119 所示，单击图层蒙版按钮【 ◯ 】，以当前选区创建蒙版，镜子外的图像被隐藏，单击图层缩览图和蒙版缩览图之间的链接标记【 🔗 】，解除两者之间的锁定。然后单击图层缩览图，进入图层图像编辑状态，选择移动工具【 ▶╋ 】，调整图层图像至合适位置，得到正确的镜子反射效果，设置图层不透明度为 40％ 左右，使反射更为真实，如图 8-119 所示。

图 8-119　制作镜子 1

04　使用同样的方法制作内侧的镜面反射，如图 8-120 所示。

图 8-120　制作镜子 2

05　餐厅包间后期处理全部完成。

透视效果图

　　室外建筑效果图后期处理的基本思路是，从整体到局部，再到整体。从整体到局部，要求我们对建筑设计构思要有一个大的方向的把握，例如有的建筑是住宅楼，有的是学校，有的是临街商业楼，有的是休闲场所，那么我们就要根据建筑本身的用途来选取适当的素材完成效果图的制作。大的方向把握好了，局部就是放置适当的素材，调整大小、位置、方向、色彩等，最后我们又要回到整体，查看整个构图，调整整幅效果图的色彩平衡、亮度/对比度以及色相/饱和度等。

　　本章通过几个大型综合案例，分别讲解不同类型的建筑效果图的后期处理思路和方法，以及相关的技巧。

第 9 章

9.1 别墅周边环境表现

与其他的建筑类型相比，别墅其独特性主要表现在因地制宜、巧妙地利用地形组织室内外空间，建筑与环境紧密结合。别墅既是欣赏大自然的场所，同时也成为自然风景的一部分。

在进行后期处理之前首先了解一下建筑的风格。德式建筑简洁大气，法式建筑呈现出浪漫典雅风格，而地中海式建筑风格以清新明快为主，极富质感的泥墙、陶罐花瓶、摇曳的棕榈树，露天就餐台，体现了地中海人悠闲和纯朴的生活方式。

本节处理的是极具江南特色的水景别墅，如图 9-1 所示，这里绿树倒影，建筑掩映在其中，清丽、婉转，俨然一幅自然的画卷，富有江南生活的气息。

图 9-1　江南水景别墅

通过本实例的学习，读者可以熟悉效果图后期处理的基本流程和方法，学习表现建筑周边的环境的文化，并据此触类旁通，达到建筑和环境表现的统一。

9.1.1 大范围铺笔——添加天空、水面

在处理建筑效果图之前，一定要有大的方向的把握，在本章的引言中我们也讲到了，首先将整体的布局确定，主要是天空和地面部分，这样处理起来，整个效果图的色彩和风格才有章可循。

1. 添加天空

01 运行 Photoshop CS6 软件，打开别墅周边环境表现的原始文件，如图 9-2 所示，我们可以看到，该文件只是简单地将建筑通过三维建模、输出成一个模型，而周边环境还是一片空白，这就是接下来要做的工作，完成周边环境的制作。

图 9-2　初始文件

02　按 Ctrl+O 快捷键，打开配套光盘提供的天空素材，如图 9-3 所示。

图 9-3　天空素材

03　按 Ctrl+A 快捷键，将天空素材进行全选，然后复制粘贴至当前别墅效果图的文件中，单击工具箱中的移动工具【＋】，移动图像至合适的位置，如图 9-4 所示。

图 9-4　添加天空图像

2．添加水面

01　打开水面素材文件，该水面有真实的倒影效果，如图 9-5 所示。

图 9-5　水面素材

技巧　在选择水面的时候，尽量选择有纹理，且具备一些倒影的水面作为素材，这样的水面素材更接近现实。

02　按 Ctrl+A 快捷键，将水面进行全选，然后复制、粘贴至效果图中，如图 9-6 所示。由于水面的尺寸和效果图的尺寸并不一致，需要对其进行处理。按 Ctrl+T 快捷键，调整水面尺寸大小。

图 9-6　添加水面素材

229

03 按住 Ctrl 键，单击水面素材的图层缩览图，将其载入选区，如图 9-7 所示。

图 9-7 载入选区

04 在选中移动工具【▶⊕】的状态下，按住 Alt 键，此时鼠标会变成双箭头形状【▶】，拖动鼠标，即可复制选区内的图像，如图 9-8 所示。

图 9-8 复制水面

 在选中移动工具【▶⊕】的状态下，复制选区内的图像，可以按方向键细微地调整复制的图像的方向，以便于图像的对齐。

05 将选区内的图像再次复制一次，为了避免水面重复元素太多，我们可以将第二次复制的水面加以变化，按 Ctrl+T 快捷键，调用变换命令，将选区内的水面素材横向拉伸，直到水面覆盖下方所有的区域，如图 9-9 所示。

图 9-9 拉伸图像

06 按回车键应用变换，按 Ctrl+D 快捷键，取消选择。

07 添加天空、水面素材完成效果如图 9-10 所示，大范围铺笔完成。

图 9-10　大范围铺笔效果

9.1.2 局部刻画——添加植被、树木

在一幅效果图中，细部刻画是非常重要的，它是环境因素表现的主要承载体，它的刻画精细程度将直接影响到效果图的最后效果，另外它的选材也是有讲究的，根据不同的风格、不同类型的建筑，它的选材也有所侧重，例如这是一个江南水乡的别墅效果图，那么选材应该以绿色植物为主，树木茂盛，营造佳木葱茏、伴水而生的景致。

1. 添加远景树木

01 按 Ctrl+O 快捷键，打开如图 9-11 所示的场景素材，

图 9-11　场景素材

02 执行【选择】|【色彩范围】命令，弹出【色彩范围】对话框，使用吸管工具【🖊】，单击图像中的白色区域，如图 9-12 所示，选择的区域将以白色在对话框的图像窗口中显示，未选择的区域将以黑色区域进行显示，在效果图中，未选择的区域则以 50%红的蒙版区域进行显示。

03 单击【确定】按钮，退出【色彩范围】对话框，得到如图 9-13 所示的选区。

04 按 Ctrl+Shift+I 组合键，反选选区，得到树木素材。

提示　色彩范围根据色彩相似的原理对像素进行选择，颜色容差设置越大则选择的颜色范围越广。

图 9-12　色彩范围

图 9-13　选区示意图

05 按 Ctrl+C 快捷键，对选区内的图像进行复制，粘贴至当前效果图的操作窗口，得到一个新的图层，命名为 "远景"。

06 按 Ctrl+T 快捷键，调用变换命令，将素材适当放大，移动到 "建筑" 图层的下方，将远景的地平线和渲染的建筑的地平线对齐，制作随意的远景效果，如图 9-14 所示。

图 9-14　添加远景

07 放大图像显示，该素材周边有白色的杂边，如图 9-15 所示，这将影响素材的美感，执行【图层】|【修边】|【去边】命令，弹出【去边】对话框，设置参数为 10 个像素。

08 单击【确定】按钮，退出该对话框，去边效果如图 9-16 所示。

图 9-15　白色杂边

图 9-16　去边效果

09　为了使树木和天空衔接得更自然，通常会将树木的边缘进行虚化处理。

10　单击工具箱中的橡皮擦工具【　】，设置参数如图 9-17 所示。

图 9-17　橡皮擦参数设置

11　在树木的边缘部分适当的擦除，使之与天空衔接自然，如图 9-18 所示。

图 9-18　虚化边缘

233

12　按 Ctrl+J 快捷键，将该"远景"图层复制一层，得到"远景副本"图层。

13　将"远景副本"放置在左侧，如图 9-19 所示。

图 9-19　复制远景素材

14　根据场景光线可知，左侧的光线较暗，树木的颜色和明度需要进行调整，首先按 Ctrl+B 快捷键，打开【色彩平衡】对话框，调整参数如图 9-20 所示。

15　单击【确定】按钮，退出【色彩平衡】对话框，效果如图 9-21 所示。

图 9-20　"色彩平衡"参数设置

图 9-21　"色彩平衡"效果

16　按 Ctrl+L 快捷键，打开【色阶】对话框，调整图像的色阶，将色调压暗，参数设置如图 9-22 所示，效果如图 9-23 所示。

图 9-22　"色阶"调整

图 9-23　调整效果

17 处理树木的高光部分，单击工具箱中的套索工具【♀】，根据树木素材本身的高光分布状况，自由的选取，建立选区如图 9-24 所示。

图 9-24　建立选区

技巧 在建立选区的时候，按住 Shift 键，可以加选选区，按住 Alt 键，可以减选选区。

18 按 Shift+F6 快捷键，打开【羽化选区】对话框，设置羽化半径为 50 像素，如图 9-25 所示。

图 9-25　羽化选区

19 选择"远景副本"图层，按 Ctrl+B 快捷键，打开【色彩平衡】对话框，设置参数如图 9-26 所示，制作树木树冠部分的高光效果，如图 9-27 所示。

图 9-26　高光参数设置

图 9-27　"色彩平衡"效果

20 选择"远景"图层，打开【色彩平衡】对话框，分别设置它的高光参数和中间调参数，如图 9-28 和图 9-29 所示。

图 9-28　高光参数　　　　　　　　　　　　　　　图 9-29　中间调参数

21 单击【确定】按钮，得到如图 9-30 所示的树木高光效果。

图 9-30　树木高光效果

2．添加中景树木

继续添加树木，给建筑周围添加树木配景，在添加过程中注意树木的层次以及树木的添加先后顺序。

01 选择如图 9-31 所示的树木素材，添加至效果图的左侧，将图像缩小至如图 9-32 所示。

图 9-31　选择素材　　　　　　　　　　　　　　　图 9-32　添加树木素材

该树木素材处于建筑的阴影之中，颜色过于鲜亮，应该适当降低其明度。

02 按 Ctrl+M 快捷键，打开【曲线】调整对话框，调整图像的曲线如图 9-33 所示，以降低图像的明度，效果如图 9-34 所示。

图 9-33　"曲线"调整

图 9-34　"曲线"调整效果

03 按 Ctrl+J 快捷键，复制该图像至新的图层，使用移动工具【▶⊕】，将其移动到其余的建筑的右侧，调整图层顺序至"建筑"图层的下方，制作其余建筑的树木衬景，如图 9-35 所示。

图 9-35　添加建筑树木衬景

04 添加树木素材，如图 9-36 所示，将其置于中心广场的左侧，调整大小至如图 9-37 所示。

图 9-36　树木素材

图 9-37　添加树木

05 按 Ctrl+M 快捷键，打开【曲线】调整对话框，调整参数如图 9-38 所示。树木的明度被压暗，与周边的树木呈现出不同的明暗关系，层次分明，效果如图 9-39 所示。

图 9-38　"曲线"调整

图 9-39　调整效果

06　用同样的方法再添加几棵这样的树木，注意树木近大远小的透视规律，效果如图 9-40 所示。

图 9-40　添加多棵树木效果

07　打开树群素材，如图 9-41 所示，用来丰富中心广场周边的绿化。

图 9-41　树群素材

08　添加至如图 9-42 所示的位置，调整大小和位置，以和场景比例协调。

图 9-42 添加树群

09 调整素材的色相，将视线牵引至画面中心，按 Ctrl+U 快捷键，打开【色相/饱和度】对话框，调整参数如图 9-43 所示。

图 9-43 "色相/饱和度"参数设置

图 9-44 调整效果

10 处理挡在建筑前面的树木，将建筑隐隐遮挡，表现建筑和环境之间的掩映趣味，在树木素材中选择如图 9-45 所示的树丛素材。

图 9-45 树丛素材

11 将该素材添加至效果图中如图 9-46 所示的位置。

图 9-46　添加树丛素材

12 调整曲线，将树丛的明度降低，使树丛看起来更真实，光线和场景更相符。

13 在建筑较为生硬的地方以竹子为点缀，打破画面生硬的感觉，如图 9-47 所示。

图 9-47　添加竹子

14 添加树木，选择如图 9-36 所示的树木素材，在如图 9-48 所示的位置种植。

15 按 Ctrl+B 快捷键，打开【色彩平衡】对话框，调整树木素材的色相/饱和度等，如图 9-49 所示。

图 9-48　添加树木

图 9-49　"色相/饱和度"参数设置

16 这样可以达到调整树木颜色的目的，虽然和前面的树是一个种类，但是经过颜色调整之后，不仅在颜色上效果更丰富，而且树种搭配上也得到了完善，如图 9-50 所示。

17 在河岸的消失处添加柳树，使画面更加轻盈，打开如图 9-51 所示的柳树素材。

240

图 9-50　调整颜色效果

图 9-51　柳树素材

18 将其移动复制到当前效果图的操作窗口，按 Ctrl+T 快捷键，调用变换命令，将素材进行缩小处理，添加至如图 9-52 所示的位置。

图 9-52　添加柳树素材

3. 水岸处理

临近水边的区域，我们称之为水岸，这里植被关系较为简单，一般以水生植物为主，植物多有倒影，沿岸常见于草坡和岩石。

01 打开素材文件，选择其中的草坡素材，如图 9-53 所示。

02 选择草坡所在的图层，按住 Ctrl 键，单击图层缩览图，将其载入选区。

03 按 Ctrl+C 快捷键，进行复制，回到当前效果图的操作窗口，按 Ctrl+V 快捷键进行粘贴。

04 将草坡素材移动至如图 9-54 所示的位置。

图 9-53　植物素材

图 9-54　添加草坡

05 调整草坡的亮度，打开【曲线】调整对话框，调整"控制曲线"如图 9-55 所示。

06 草地进行了亮度调整之后，颜色变暗，处在阴影之下，效果如图 9-56 所示。

图 9-55 "曲线"调整

图 9-56 "曲线"调整效果

07 添加水生植物，打开如图 9-57 所示的素材。

图 9-57 水岸素材

08 展开图层面板，按住 Shift 键，单击首个图层，再单击尾图层，将所有的图层选中，如图 9-58 所示。

09 单击图层面板下方的【🔗】按钮，将这些图层进行链接，链接成功之后，每个图层的后面出现链接的标志【🔗】，如图 9-59 所示。

图 9-58 选中图层

图 9-59 链接图层

10 单击工具箱中的移动工具【➤✛】，将这些图层全部拖进当前效果图中，如图 9-60 所示。

图 9-60　一次性拖动多个图层

技巧　将多个图层链接之后再操作，可以同时对其进行移动、大小调整等操作，而不会改变之前图层之间的组合关系，这样简化了多个图层逐一调整的麻烦，也避免了不小心移动已经组合好的图层。如果想要对单个图层进行移动、大小变换，单击该图层后面的链接按钮【⚭】，即可解除链接，成为独立的一个图层。

11　按 Ctrl+T 快捷键，调用变换命令，将图像整体缩小，如图 9-61 所示。

12　对细部进行调整，利用变换命令，调整水草的透视关系，最后效果如图 9-62 所示。

图 9-61　变换大小

图 9-62　调整岸边效果

13　按 Ctrl+L 快捷键，调整整体的明度，将较亮的水草颜色压暗，如图 9-63 所示。

图 9-63　调整色阶效果

14 打开荷花素材，如图 9-64 所示。

图 9-64　荷花素材

15 将其添加至效果图中，营造甜甜荷香的水乡韵味，效果如图 9-65 所示。

图 9-65　添加荷叶效果

4. 倒影制作

　　制作水边环境的效果图，倒影是必不可少的，它对水面的表现以及环境的烘托都是非常重要的，虽然之前我们在选择水面素材的时候，注意了选择带倒影的水面素材，但是在植被添加完成之后，我们还需要根据实际情况，对倒影做进一步的完善，使其和实际相符。

　　首先来学习制作建筑的倒影，树影依此类推即可。

01 打开图层面板，选择"建筑"图层，按 Ctrl+J 快捷键，复制图层至新的图层，得到"建筑副本"图层。

02 按 Ctrl+T 快捷键，调用变换命令，右击鼠标，选择【垂直翻转】命令，如图 9-66 所示。

图 9-66　"垂直翻转"命令

03 按回车键应用变换，得到建筑倒立的图像，如图 9-67 所示。

图 9-67　"垂直翻转"效果

04 单击工具箱中的移动工具【▶⊕】，将图像进行移动、对齐，以备接下来制作倒影，如图 9-68 所示。

图 9-68　对齐图像

05 由于受水面波纹的影响，倒影会出现一定的波动，在后期处理中，通常使用滤镜菜单下的【动感模糊】命令，来制作模糊的倒影效果。

06 执行【滤镜】|【模糊】|【动感模糊】命令，弹出【动感模糊】参数设置面板，设置参数如图 9-69 所示。

图 9-69　"动感模糊"参数设置

07 单击【确定】按钮，退出该对话框，得到如图 9-70 所示的效果。

图 9-70　"动感模糊"效果

08 设置图层的不透明度为 50% 左右，如图 9-71 所示。

图 9-71　调整图层属性

09 为了表现出水面的宽阔，加强表现景深效果，可以调用变换命令，将倒影压低，如图 9-72 所示。

图 9-72　调整倒影

10 建筑倒影到此制作完成，同样的方法添加树木在水面产生的倒影效果，效果如图 9-73 所示。

图 9-73　倒影效果

9.1.3 调整

在周边环境添加基本完成之后，最后再回到大的格局上来，调整整幅效果图的构图，加强画面的景深效果，让视觉中心突出，增强整体的画面感。

1. 添加挂角树和近景——加强景深效果

01 打开"树木素材.psd"的文件，选择如图 9-74 所示的挂角树。

图 9-74　挂角树

02 将挂角树素材置于画面的左右两侧，效果如图 9-75 所示。

图 9-75　添加挂角树

03 在"树木素材.psd"的文件中找到如图 9-76 所示的水草素材。

图 9-76　水草素材

04 将该素材添加至如图 9-77 所示的位置，完善画面效果。

图 9-77　添加近景

2. 雾气制作

01 绘制水面雾气，制作水面远处雾气升腾的美妙景致，首先单击工具箱中的画笔工具【　】，选择边缘过渡柔和的画笔。

02 新建一个图层，设置前景色为白色，绘制如图 9-78 所示。

图 9-78　绘制雾气

03 调整图层的不透明度为 60%，执行【滤镜】|【模糊】|【高斯模糊】命令，将白色的雾气加以适当的模糊，使之看不到绘制时产生的生硬边缘即可，最后效果如图 9-79 所示。

图 9-79　别墅效果图

9.2 私人别墅周边环境表现

在建筑行业快速发展的年代，返璞归真已经是越来越多人的选择，大多希望远离闹市和密集的楼房，在山水之间，得一息自在。

　　私人别墅，作为休憩和度假的场所，大抵周边环境幽静雅致，或别有情趣，它崇尚的是自然之气，讲究的是山水映衬之美，给人宁静、怡人的感受，能够让人在工作之余，静静地享受生活。

　　本节讲述的是私人别墅周边环境的表现在后期处理中的技巧和方法。

　　如图 9-80 所示为私人别墅处理之前和完成之后的效果对比。

处理前

处理后

图 9-80　处理前后效果对比

　　可以看出，渲染的建筑处理之前没有周边环境的映衬掩映之美，看起来并不生动，胜少联想到优雅别致，经过后期处理之后，蓝天碧水，花草成趣，周围又有绿树环绕，非常漂亮。

9.2.1 大范围铺笔——天空、草地、水面

　　从别墅完成效果图可以看出，本实例大范围铺笔部分讲解的内容较"水景别墅"多了一项草地的处理，在后期效果图中，草地处理几乎是处处可见的，只是有次重之分，在本实例中，大片的留白给草地留足了空间。

1．添加草地

　　01 运行 Photoshop CS6 软件，按 Ctrl+O 快捷键，打开"私人别墅.psd"文件，打开图层面板，里面包含了三个图层，如图 9-81 所示。

　　02 其中"背景"图层被锁定，双击该图层，弹出【新建图层】对话框，这样可以将"背景"图层转化为普通图层，单击图层前面的眼睛按钮【 】，将该图层进行隐藏。

　　03 单击"颜色材质通道"图层前面的眼睛按钮【 】，将该图层进行显示，这里简单地将天空、草地、水面以及建筑以不同的色块进行了区分，如图 9-82 所示，这也为后期处理提供了依据。

图 9-81　图层示意图

图 9-82　颜色材质通道

04 打开如图 9-83 所示的素材文件，将草地素材——拖动复制到当前效果图中来。

图 9-83　草地素材

05 使用移动工具【▶⊕】，根据颜色材质通道，将草地放置到合适的位置，如图 9-84 所示。

由于草地规划的区域还没有完全覆盖，这里需要通过复制和素材组合的方法继续将没有覆盖的区域进行覆盖。

06 单击工具箱中的套索工具【▶⊕】，选取如图 9-85 所示的草地区域。

图 9-84　铺植部分草地

图 9-85　建立选区

07 按 Shift+F6 快捷键，打开【羽化选区】对话框，设置羽化参数为 40 像素，单击确定按钮，按 Ctrl+J 快捷键，复制至新的图层，这样在复制的时候边缘就不是生硬的线条了，如图 9-86 所示。

未羽化效果

羽化效果

图 9-86　边缘羽化效果对比

08 移动复制的草地至合适的位置，如图 9-87 所示。

09 将草地合并到一个图层，命名为"草地"，然后选择"颜色材质通道"，使用魔棒工具【✨】，将草地进行选取，如图 9-88 所示。

图 9-87　复制草地

图 9-88　选取草地区域

10 选择"草地"图层，单击图层面板下方的图层蒙版按钮【▣】，将多余的草地进行隐藏，效果如图 9-89 所示。

11 调整草地层次，使用套索工具【◯】，建立如图 9-90 所示的选区，将选区进行羽化，半径为 50 像素，然后利用曲线调整草地的明度，效果如图 9-91 所示。

图 9-89　添加图层蒙版

图 9-90　建立选区

12 打开图 9-83 所示的草地素材，将其添加至"草地"素材的上方，如图 9-92 所示。

图 9-91　调整草地明度

图 9-92　草地效果

2．添加天空

别墅的背景以晴朗的天空为主，天空澄澈如水，颜色以清新、宁静的浅蓝色为主，与别墅周围复杂的环境形成对比，整个画面看起来工整有序，有条有理。

01 打开如图 9-93 所示的一张天空素材。

02 将该天空素材添加至效果图中，按 Ctrl+T 快捷键，调用变换命令，将天空素材适当放大，如图 9-94 所示。

图 9-93　天空素材

图 9-94　调整天空素材大小

03 按回车键应用变换，继续对天空的颜色进行调整。

04 按 Ctrl+U 快捷键，打开【色相/饱和度】对话框，调整参数如图 9-95 所示，适当的降低天空的饱和度，使其看起来更素雅，调整效果如图 9-96 所示。

图 9-95　色相/饱和度参数设置

图 9-96　天空效果

3. 添加水面

01 打开一张水面素材，如图 9-97 所示。

02 将其添加至效果图中，放置在左下角，重命名图层为"水面"，如图 9-98 所示。

图 9-97　水面素材

图 9-98　添加水面素材

03 按 Ctrl+J 快捷键，复制图层，将其移动覆盖右侧没有覆盖的水面，如图 9-99 所示。

04 打开图层面板，选择"颜色材质通道"图层，使用魔棒工具【　】，选择水面区域，给"水面"

图层和"水面副本"图层分别添加图层蒙版，如图 9-100 所示。

　　为两个水面图层添加图层蒙版之后，发现两个水面相接的地方太明显，接缝生硬，美感全无，如图 9-101 所示，那么接下来学习处理这样的接缝问题。

图 9-99　复制、移动水面图层　　　　　图 9-100　图层蒙版　　　　　图 9-101　添加蒙版效果

　　05　选择"水面"图层，单击工具箱中的橡皮擦工具【　】，在工具选项栏中设置参数如图 9-102 所示。

图 9-102　工具选项栏参数

　　06　沿着"水面"右侧的边缘，一点一点地擦除，主要利用画笔的外边缘进行擦除，这样擦除的效果过渡更自然，如图 9-103 所示。

　　07　利用仿制图章工具【　】，对细节部分进行处理，最后效果如图 9-104 所示。

图 9-103　擦除边缘　　　　　　　　　图 9-104　水面效果

　　08　按住 Ctrl 键，单击"水面"图层的蒙版缩览图，将蒙版选区载入。

　　09　再选择"图层 0"，即渲染模型，按 Ctrl+J 快捷键，复制模型中的水面至新的图层，调整该图层至"水面"图层的上方，这样模型中的建筑倒影就可以在水面上表现出来了，如图 9-105 所示。

9.2.2　水岸刻画——沿水岸的水石、植被

　　通过前面大关系的处理，别墅效果图已经初具规模，但是水面和陆地相接的地方仍然有待处理，置以水石、花草，将生硬的线条加以遮挡，使之看起来真实、自然。

　　01　打开配套光盘提供的素材，如图 9-106 所示，将其添加至画面的右下角。

图 9-105　调整图层顺序

图 9-106　水石素材

02 根据河岸调整水石的角度，按 Ctrl+T 快捷键，调用变换命令，在工具选项栏中设置旋转角度为 0.8°，按回车键应用变换，效果如图 9-107 所示。

图 9-107　添加水石素材

03 添加水边植被，打开如图 9-108 所示的素材，将它添加至如图 9-109 所示的位置。

图 9-108　水边素材

图 9-109　添加水边素材

04 打开水草素材，如图 9-110 所示，继续添加至水边素材的旁边，丰富水边层次。

05 将水草进行选择，复制、粘贴至效果图中，按 Ctrl+T 快捷键，调用变换命令，按住 Ctrl 键，拖动右下角控制角点向上拖动，细微的调整水草的透视关系，如图 9-111 所示。

图 9-110　水草素材

图 9-111　调整水草

06　按 Ctrl+J 快捷键，将水草复制一层，以备制作水草的倒影。

07　按 Ctrl+T 快捷键，右击鼠标，选择【垂直翻转】命令，将水草的根部对齐，按回车键应用变换，如图 9-112 所示。

08　执行【滤镜】|【模糊】|【动感模糊】命令，设置模糊参数为 12 个像素。

09　由于倒影产生在水中，所以颜色的饱和度稍低，需要进行调整，按 Ctrl+U 快捷键，打开【色相/饱和度】对话框，调整参数如图 9-113 所示，调整效果如图 9-114 所示。

图 9-112　垂直翻转"水草副本"

图 9-113　"色相/饱和度"调整

10　将水草和倒影进行图层合并，放置在左侧，隐隐露出一半，再将该水草复制一层，稍稍移动，加以缩小变化，制作水草在岸边随意生长的自由之态，如图 9-115 所示。

图 9-114　倒影效果

图 9-115　添加水草效果

11　制作草坡沿岸，选择如图 9-116 所示的素材文件。

12　将其添加至效果图中，如图 9-117 所示，这样水面和陆地就自然的结合起来了，水岸刻画到这里完成。

图 9-116　沿岸草坡素材

图 9-117　水岸效果

9.2.3 周边环境刻画——植被、花草的添加

这里主要讲解植被和花草添加的过程，让操作更加熟练和顺手，不至于一图在手，却无从下手。

植被的添加一般顺序是根据树木的层次决定的，一般先添加较远处的植被，这样图层顺序比较清楚，树木的遮挡关系也正确。

1. 添加远景

对于每幅效果图来讲，远景都是必需的元素，也是添加树木等植被时首先考虑的，一般而言，远景都是取材于现成的素材，是一些茂盛的树群，有时候可以从素材库中去找，也可以通过自己抠取合适的包含树木群的图片得到。

01 按 Ctrl+O 快捷键，打开"树木.PSD"这个文件，选择如图 9-118 所示的远景素材。

图 9-118　远景素材 a

02 将其添加至效果图中，置于"天空"图层的上方，其余图层的下方，如图 9-119 所示。

图 9-119　添加远景 a

03 添加右边的远景，打开如图 9-120 所示的远景素材 b，将其添加至效果图的右侧，如图 9-121 所示。

图 9-120　远景素材 b

图 9-121　添加远景 b

04 分别设置远景素材 a、远景素材 b 的不透明度为 80% 和 70%，效果如图 9-122 所示。

图 9-122　远景效果

05 打开如图 9-123 所示的树木素材，将其先从背景中抠取出来。

06 执行【选择】|【色彩范围】命令，在弹出的【色彩范围】对话框中单击白色区域，设置颜色容差为 164 左右，将白色背景部分进行选择，单击【确定】按钮，得到选区如图 9-124 所示。

图 9-123　树木素材

图 9-124　"色彩范围"命令

07 按 Ctrl+Shift+I 组合键，反选选区，得到树木素材的选区，按 Ctrl+J 快捷键，将树木素材复制至新的图层，得到树木素材。

08 按 Ctrl+A 快捷键全选树木素材，按 Ctrl+C 快捷键复制图像，然后粘贴至效果图中，调整大小和位置如图 9-125 所示。

09 按回车键应用变换，设置图层的不透明度为 70%，效果如图 9-126 所示。

图 9-125　添加树木素材

图 9-126　更改图层属性

由于树木的颜色和远景素材 b 的颜色和亮度差异性较大，看起来不和谐，需要对该树木素材再次进行颜色和明度的调整。

10 按 Ctrl+U 快捷键，打开【色相/饱和度】对话框，调整参数如图 9-127 所示，调整之后效果如图 9-128 所示。

图 9-127　"色相/饱和度"参数设置

图 9-128　调整效果

11 添加树木素材，选择如图 9-129 所示的树木素材 c，添加至如图 9-130 所示的位置。

图 9-129　树木素材 c

图 9-130　继续添加树木效果

2．添加中景

01 按 Ctrl+O 快捷键，打开"配景.psd"文件，如图 9-131 所示。

02 将这些配景素材添加至效果图中，放置到如图 9-132 所示的位置，加强田园氛围的表现。

图 9-131　配景素材

图 9-132　添加配景素材

03 打开 "植被.psd" 文件素材，如图 9-133 所示，将其添加至建筑左侧，露出一部分，将建筑和草地的结合处进行遮挡，效果如图 9-134 所示。

图 9-133　灌木丛素材

图 9-134　添加灌木丛

04 打开花丛素材，如图 9-135 所示，添加至灌木丛的旁边，丰富植被，使之看起来色彩艳丽，效果如图 9-136 所示。

图 9-135　花丛

图 9-136　添加花丛效果

05 打开菊花素材，如图 9-137 所示，将其添加至如图 9-138 所示的位置。

图 9-137 菊花素材

图 9-138 添加菊花素材

06 丰富画面的树木以及植被，在这里就不再详细讲解了，最后效果如图 9-139 所示。

图 9-139 添加植被效果

3. 添加别墅周边盆景

为了增添生活的情调，很多人习惯在建筑的周围点缀以盆景，一来可以美化环境，二来可以借养花、养草来陶冶性情，增添生活的乐趣。

01 打开盆景素材，如图 9-140 所示。

02 将盆景分别添加至效果图中，最后效果如图 9-141 所示。

图 9-140 盆景素材

图 9-141 添加盆景效果

9.2.4　调整——构图、建筑、光线

完成了效果图的细部刻画，最后又回到大的方向上来，对建筑的整体进行调整，在此效果图中，整体调整的内容包含了构图调整、建筑调整和光线的调整。

1. 构图调整

构图调整是在将大部分素材添加完成之后，针对效果图的空间关系，对效果图进行调整，使其在空间上加强景深效果，或者牵引视觉至画面中心。

01　按 Ctrl+O 快捷键打开如图 9-142 所示的挂角树素材。

02　将其添加至效果图的左上角，作为近景树添加，如图 9-143 所示。

图 9-142　挂角树

图 9-143　添加挂角树

03　按 Ctrl+M 快捷键，打开【曲线】调整对话框，调整控制曲线如图 9-144 所示。

04　单击【确定】按钮，挂角树的颜色被压暗，效果如图 9-145 所示。

图 9-144　"曲线"调整

图 9-145　调整效果

添加挂角树之后，画面的远近层次更明确，画面的重点指向建筑，画面的上半部分的突兀感被削弱，整个构图既有主次，又有层次。

2. 建筑调整

所有的后期处理工作都是为了表现建筑，在多数情况下建筑都是需要进行后期调整的，包括材质的

调整，窗户反射效果或者透明效果的制作，以及细微的明暗变化调整等，但是不是所说的这一些方面都需要进行调整，而是根据建筑的需要调整。

在此例中，窗户的透明效果显然是不真实的，需要对其进行透明效果的制作，表现玻璃的质感。

01 按 Ctrl+O 快捷键，打开一张客厅的图片，如图 9-146 所示，用来制作半透明的室内效果。

02 将该图片复制、粘贴至效果图中，重命名图层为"窗户"。

03 打开图层面板，选择"颜色材质通道"，单击工具箱中的魔棒工具【🪄】，在工具选项栏中，去除"连续"复选框的勾选，单击"颜色材质通道"的窗户部分，建立选区如图 9-147 所示。

图 9-146　客厅图片

图 9-147　窗户选区

04 选择"窗户"图层，单击图层面板下方的图层蒙版按钮【▢】，将窗户以外的客厅图像进行隐藏。

05 单击图层缩览图各蒙版之间的链接按钮【🔗】，取消之间的链接，选择图层缩览图，按 Ctrl+T 快捷键，调用变换命令，将图像进行缩放，这里缩小至如图 9-148 所示。

06 按下回车键，应用变换。更改图层的不透明度为 80%，效果如图 9-149 所示。

图 9-148　调整素材大小

图 9-149　调整图层属性

07 同样的方法制作其余的窗户效果，最后效果如图 9-150 所示。

3. 光线调整

为了突出建筑主体，一般会将建筑周围进行提亮处理，而近景则采用压暗的手法，以削弱其视觉吸引力，而将视觉重心转向建筑，达到突出建筑的目的。

首先来将近处的景物进行压暗处理，具体操作方法如下：

01 选择"挂角树"图层,将其复制一层,重命名为"树影"。

02 按 Ctrl+T 快捷键,调用变换命令,右击鼠标选择【垂直翻转】命令。

03 向下拖动上边框中间的控制柄,像右拖动右侧边框的控制柄,变换图像如图 9-151 中红色箭头所示。

图 9-150 半透明窗户效果

图 9-151 变换图像

04 按回车键,应用变换。

05 按 Ctrl+M 快捷键,打开【曲线】调整对话框,将曲线的输出值设置为 0,输入值设置为 255,效果如图 9-152 所示。

06 执行【滤镜】|【模糊】|【动感模糊】命令,参数设置如图 9-153 所示,单击【确定】按钮,效果如图 9-154 所示。

图 9-152 调整曲线

图 9-153 "动感模糊"参数设置

07 更改图层的不透明度为 50%,效果如图 9-155 所示。

图 9-154 "动感模糊"效果

图 9-155 更改图层属性

挂角树的倒影在这里就制作完成了，接下来继续制作近处水面的阴暗效果，以达到压暗近景的目的。

08 按 Ctrl+Shift+N 组合键，新建一个图层，按 Ctrl+Shift+ "]" 键，将其置于最顶层。

09 按 Q 键，进入快速蒙版编辑状态，单击工具箱中的渐变工具【■】，从下往上拉伸一个渐变，建立一个快速蒙版，按 Ctrl+Shift+I 快捷键反选选区，如图 9-156 所示。

10 按 Q 键，退出快速蒙版编辑状态，得到一个选区，如图 9-157 所示。

图 9-156 建立快速蒙版

图 9-157 快速蒙版建立的选区

11 按 D 键，恢复默认的前景色/背景色状态，为选区填充黑色，如图 9-158 所示。

12 按 Ctrl+D 快捷键，取消选择，调整图层的不透明度为 30%，效果如图 9-159 所示。

图 9-158 填充黑色

图 9-159 更改图层属性

将近处进行压暗处理之后，接下来学习提亮中心，具体操作如下：

13 新建一个图层，置于图层面板的最顶层。

14 设置前景色为浅黄色，色值参考为#: "fefee3"，单击工具箱下方的快速蒙版按钮【▣】，选择渐变工具，拉伸一个如图 9-160 所示的渐变，这样建立快速蒙版的方法和按 Q 键，建立快速蒙版的方法是一样的。

15 单击快速蒙版按钮【▣】，退出快速蒙版编辑模式，得到一个如图 9-161 所示的选区。

图 9-160　建立快速蒙版

图 9-161　得到快速蒙版选区

16 按 Alt+Delete 快捷键，快速填充前景色，如图 9-162 所示。

图 9-162　填充颜色

图 9-163　更改图层属性

17 设置图层【混合模式】为"叠加"，图层的不透明度为 48%，如图 9-163 所示。

18 新建图层，设置前景色为橘黄色，色值参考为# "fcc958"，单击工具箱中的渐变工具【▇】，拉伸一个斜向渐变，如图 9-164 所示。

图 9-164　拉伸渐变

图 9-165　更改图层属性效果

19 更改图层的【混合模式】为"线性减淡（添加）"，图层的填充值为 10%，效果如图 9-165 所示。

20 新建图层，单击工具箱中的画笔工具【✏】，设置画笔参数如图 9-166 所示。

265

图 9-166　画笔参数设置

21 沿着建筑前的植物带，绘制形状如图 9-167 所示，通过更改图层混合模式来调整植被的亮度。

22 更改图层的【混合模式】为"线性减淡（添加）"，图层的填充值为 9%，效果如图 9-168 所示。

23 私人别墅效果图全部制作完成。

图 9-167　绘制光带

图 9-168　更改图层属性效果

9.3 小区环境设计与表现

　　小区是一个群体性建筑，常采用阵列式的布局，周边环境以灌木、花草为主，选择四季常青的树木种植在建筑的周边，除了美化环境，还能遮挡阳光，吸走灰尘，净化空气等等。这样的小区通常环境优雅、四季如春，非常适合人们居住。

　　本节通过具体的实例来讲述小区环境设计与表现的后期处理技法。处理之前和处理之后效果对比如图 9-169 所示。

处理前

处理后

图 9-169　住宅小区效果图对比

　　该效果图和常规的效果图区别在于它的色彩和光线表现上，大胆使用了黄昏这个时间的光线效果，整个小区都笼罩在一种暖暖的颜色氛围里，而并不局限于绿树红花的常规表现手法。

9.3.1 大关系铺笔——天空、水面处理

01 运行 Photoshop CS6 软件，打开小区别墅源文件"籣亭-star.psd"如图 9-170 所示。

图 9-170　打开文件

02 在素材库中选择如图 9-171 所示的天空素材文件。

图 9-171　天空素材

03 使用移动工具【➤┿】，将其移动复制到当前效果图的操作窗口，置于图层的最底层。

04 按 Ctrl+T 快捷键，调用变换命令，将天空素材缩放到合适大小，将整个天空透明区域覆盖，如图 9-172 所示。

图 9-172　调整天空素材大小

05 按回车键，应用变换。

06 打开水面素材，如图 9-173 所示。

图 9-173　水面素材

07 使用套索工具【🔾】，沿着水面部分绘制选区，将水面纹理清晰的部分进行选取，建立选区如图 9-174 所示。

图 9-174　建立选区

08 按 Ctrl+C 快捷键，对选区内的图像进行复制，回到当前效果图的操作窗口，按 Ctrl+V 快捷键进行粘贴。

09 展开图层面板，单击"图层 7"前面的眼睛按钮【👁】，将其显示，如图 9-175 所示。

图 9-175　显示"图层 1"

10 选择魔棒工具【🖌】，在工具选项栏中去除"连续"复选框前的勾选，单击图像中绿色的水面区域，将水面区域进行选择，如图 9-176 所示。

图 9-176　建立水面选区

11 选择"水面"图层，单击图层面板下方的蒙版按钮【🔲】，将多余的水面部分进行隐藏。

12 选择"水面"的图层缩览图，使用移动工具【🖐】，移动水面素材至合适的位置，如图 9-177 所示。

图 9-177　移动水面素材

13 添加水面素材，同样添加图层蒙版，如图 9-178 所示。

图 9-178　添加水面素材 2

9.3.2 水岸刻画

小区的水岸多植以花草、灌木，使河道看起来水草丰茂，景致优美。

01 打开如图 9-179 所示的素材文件，选择如图 9-180 所示的灌木素材。

图 9-179 配景

图 9-180 灌木素材

02 按 Ctrl+A 快捷键，全选图像，再按 Ctrl+C 快捷键，对选区内的图像进行复制，回到当前效果图的操作窗口，按 Ctrl+V 快捷键进行粘贴。

03 按 Ctrl+T 快捷键，调整图像的大小和水平方向，使之和水岸的边缘协调，如图 9-181 所示。

04 选择颜色材质通道"图层 1"，使用魔棒工具【　】，单击绿地色块，建立绿地的选区。

05 选择灌木素材所在的图层，单击图层面板下方的蒙版按钮【　】，将多余的灌木进行隐藏，如图 9-182 所示。

图 9-181 调整灌木素材

图 9-182 添加图层蒙版

06 打开文件素材，如图 9-183 所示。

图 9-183 灌木丛素材

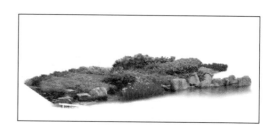

图 9-184 灌木丛

07 选择如图 9-184 所示的灌木丛，将其继续添加至如图 9-185 所示的位置，使灌木的层次感加强。

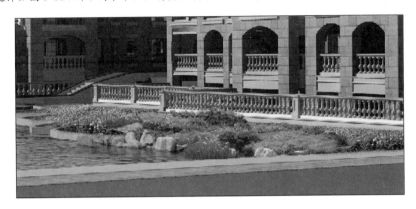

图 9-185　添加灌木丛素材

08 按 Ctrl+J 快捷键，复制一层，将其向右移动，使灌木丛的岩石部分相接，如图 9-186 所示。

图 9-186　复制灌木丛

09 单击工具箱中的橡皮擦工具【 】，将遮挡住马路的部分灌木丛进行擦除，如图 9-187 所示。

图 9-187　擦除多余图像

在使用橡皮擦工具的时候，按住 Shift 键，单击起始点，再单击结束点，可以呈直线擦除两点连线之间的像素。

10 打开"配景2"素材，选择常用的水边素材，如图 9-188 所示。

图 9-188　配景 2 素材

11 添加至如图 9-189 所示的位置，调整素材的大小和位置。

图 9-189　添加配景 2

12 同样的方法添加其余的灌木丛，在这里不逐一进行图解，最后效果如图 9-190 所示。

图 9-190　添加灌木丛效果

9.3.3 添加不同层次的树木——远景、中景、近景树木的添加

在效果图中，由于透视关系，树木是存在远近层次关系的，在大小、饱和度和颜色上也略有差别。

01 打开"配景 2"素材文件，选择如图 9-191 所示的树木素材。

02 将其添加至效果图中，调整图层的顺序，将其置于天空图层的上一层，如图 9-192 所示。

图 9-191 树木素材

图 9-192 添加远景树

03 将树木复制一层，向左移动，制作背景树群，如图 9-193 所示。

04 再复制几层，移动树木到合适的位置，远处的树木要进行缩小操作，这样才符合远近透视规律，如图 9-194 所示。

图 9-193 复制背景树

图 9-194 背景树群

05 将复制的树木图层进行合并，重命名为"背景树"，按 Ctrl+U 快捷键，打开【色相/饱和度】对话框，调整树木的色相，将树木的颜色调整至黄色，符合黄昏时分树木的色彩特点，参数设置如图 9-195 所示。

06 调整后树木颜色呈现黄色，如图 9-196 所示。

图 9-195 "色相/饱和度"参数设置

图 9-196 "色相/饱和度"调整效果

07 将如图 9-197 所示的几种树木添加至效果图中，适当点缀建筑，营造绿树成荫的环境氛围。

08 添加树木完成效果如图 9-198 所示。

图 9-197　树木素材

图 9-198　添加近景树木

09 调整绿色树木的色相，统一树木的颜色，调整结果如图 9-199 所示。

图 9-199　统一树木的颜色

9.3.4 调整——构图、建筑、光线和色彩

在添加完大量的素材之后，效果图的制作和处理进入了最后的调整阶段，包括构图、建筑、色彩的统一调整，目的很明确，构图调整效果图的景深效果，同时也起到平衡构图的作用；建筑调整主要针对建筑的明暗和对比来调整，目的在于突出显示建筑本身；而光线和色彩的调整主要是为了统一色彩氛围，使冷暖色调相得益彰。

1. 构图

01 打开"配景2"素材文件，找到如图 9-200 所示的近景素材和挂角树。

02 将其添加至效果图中，如图 9-201 所示。

添加近景之后，近大远小的层次关系较之前更为明显，空间感得到加强，同时挂角树的添加，丰富了天空的内容，使大片留白的天空变得相对充实，效果图头轻脚重的感觉也随之消失，达到平衡构图的目的。

图 9-200 配景 2

图 9-201 添加近景树

2. 建筑调整

在前期 3D 建模的时候，由于灯光布置不当，有时候会使渲染出来的图像色彩偏灰、亮度偏暗，影响后期建筑效果表现，遇到这种情况，也并不是没有办法补救，通过 Photoshop 的后期处理，将建筑的颜色和亮度进行调整即可。

01 打开图层面板，选择"图层 2"，单击工具箱中的魔棒工具【✦】，将房子部分选择出来，如图 9-202 所示。

02 单击"图层 2"前面的眼睛按钮【👁】，将"图层 2"进行隐藏。

03 切换到"图层 0"，即建筑所在的图层，按 Ctrl+J 快捷键，复制选区内的图像至新的图层。

04 按 Ctrl+B 快捷键，打开【色彩平衡】对话框，调整建筑的高光部分参数，如图 9-203 所示。

图 9-202 建立房子选区

图 9-203 "色彩平衡"参数设置

05 单击【确定】按钮，查看色彩调整后的效果，如图 9-204 所示。

图 9-204 校正房子的色彩

06 继按 Ctrl+M 快捷键，打开【曲线】调整对话框，将偏暗的建筑部分进行提亮处理，曲线调整如图 9-205 所示，调整后的效果如图 9-206 所示。

图 9-205　"曲线"调整

图 9-206　"曲线"调整效果

3.　光线和色彩调整

01 选择灌木丛所在的图层，调整灌木丛的色彩，使之与整体的色彩相协调，偏向暖暖的黄色。
按 Ctrl+B 快捷键，打开【色彩平衡】对话框，分高光部分和中间调部分调整灌木丛的颜色，分别设置参数如图 9-207 和图 9-208 所示。

图 9-207　高光参数设置

图 9-208　中间调参数设置

02 调整后效果如图 9-209 所示。

图 9-209　灌木丛颜色调整效果

03　选择图层面板中的最顶层，按 Ctrl+Shift+Alt+E 组合键，盖印可见图层。

04　执行【滤镜】|【模糊】|【动感模糊】命令，设置参数如图 9-210 所示。

图 9-210　"动感模糊"参数设置

图 9-211　"动感模糊"效果

05　单击【确定】按钮，得到如图 9-211 所示的模糊效果。

06　更改图层的【混合模式】为"柔光"，调整不透明度为 35%左右，效果如图 9-212 所示。

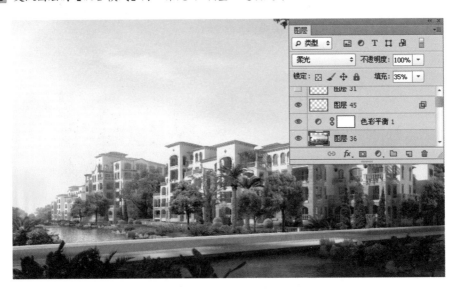

图 9-212　更改图层属性

　　07　按 Ctrl+Shift+N 组合键，新建一个图层，单击工具箱中的画笔工具【🖌】。在工具选项栏中设置画笔参数如图 9-213 所示。

图 9-213　画笔参数设置

　　08　设置前景色为橘黄色，色值参考为#"f9b600"，沿着灌木丛绘制光带，如图 9-214 所示。结合图层的混合模式，制作阳光照射到植被上产生反射，阳光加强的效果。

图 9-214　绘制光带

09 更改图层的【混合模式】为"颜色减淡",调整图层的填充值为 20%,效果如图 9-215 所示。

图 9-215　更改图层属性

10 添加近处的树影,将近处的压暗,突出主体建筑,效果如图 9-216 所示。

图 9-216　添加树影

图 9-217　色彩平衡中间调参数设置

11 打开图层面板,单击【 🖉 】按钮,选择【色彩平衡】命令,设置参数如图 9-217 所示,最终调整整体的色彩,效果如图 9-218 所示。

图 9-218 小区最终效果

9.4 现代花架设计与表现

随着城市建设的不断发展和进步，建筑风格演绎得越来越完美，人们对环境的要求也是越来越高，对建筑的风格和样式有着不同层次的追求，而建筑设计师们则是匠心独具，总能给人们意外的惊喜设计。现代花架的出现，就是一个典型的例子。

现代花架常见于河道规划、园林水边、别墅等地方，既可以作为休憩的场所，又对环境的表现有着美化的作用，可谓一石二鸟。

本节就来简单讲述现代花架的后期表现技巧，首先来看处理之前和处理之后的效果对比，如图 9-219 所示。

处理前

处理后

图 9-219 现代花架处理前后效果对比

处理之前花架只具备了一个雏形，具体的情境设计还需要我们发挥想象，给花架添加大的环境，以及植物等，添加之后，花架笼罩在湖光里，意境由心生，如效果图中"静妙"二字，给人以美好的感受。

1. 添加背景

01 运行 Photoshop CS6 软件，按 Ctrl+O 快捷键，打开"现代花架-star.psd"的文件。

02 首先给效果图添加一个大的环境图片，奠定整个环境基调，打开一张如图 9-220 所示的背景图像。

03 将其添加至效果图中，作为花架的背景，效果如图 9-221 所示。

图 9-220　湖苑　　　　　　　　　　　　　　　　图 9-221　添加背景

我们可以看到，背景的尺寸和效果图的有所差异，需要进行调整，这里可以采取缩放图像的方法，将左侧的空白部分进行覆盖，但是考虑到远山的合适比例，这里不宜将图像再进行放大，通常采用复制的方法，解决这样的问题。

04 单击工具箱中的矩形选框工具【 ▢ 】，框选一部分旁边的图像，按住 Alt 键，移动鼠标，完成同图层的复制，效果如图 9-222 所示。

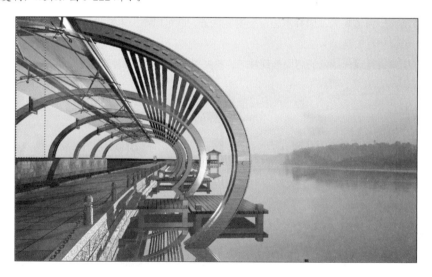

图 9-222　修整图像

05 按 Ctrl+D 快捷键，取消选择。

2. 图层蒙版添加草地

在添加草地之前，首先选择合适的草地素材，打开素材库，选择如图 9-223 所示的草地素材。

图 9-223　草地-351

01　选择上面的草地素材，将其添加至效果图中，如图 9-224 所示。

02　打开"颜色材质通道"图层，使用魔棒工具【🪄】，单击绿色部分，将草地区域进行选择，如图 9-225 所示。

图 9-224　添加草地素材

图 9-225　建立草地选区

03　切换到"草地"素材图层，单击图层面板下方的图层蒙版按钮【▣】，将多余的草地进行隐藏，效果如图 9-226 所示。

图 9-226　给草地添加图层蒙版

3.　添加植被和人物

01　打开"植被.psd"素材文件，如图 9-227 所示，将背景树木添加至效果图中，如图 9-228 所示。

图 9-227　植被素材

图 9-228　添加背景树木

02 选择"颜色材质通道"，使用魔棒工具【🖌】，选择花架部分，建立选区如图 9-229 所示。

03 切换到添加背景树木的图层，按 Ctrl+Shift+I 组合键反选选区，再单击图层面板下方的图层蒙版按钮【🔲】，得到如图 9-230 所示的效果。

图 9-229　建立选区

图 9-230　添加图层蒙版

04 单击背景树木图层和蒙版之间的链接按钮【🔗】，取消图层与蒙版的链接，单击图层缩览图，单独对图像进行编辑。

05 按 Ctrl+T 快捷键，调用变换命令，将背景树木进行缩小处理，使得花架的视野更空阔，景深效果更明显，效果如图 9-231 所示。

06 选择植物素材，添加至花架的径墙下的草地上，丰富花架的内部，如图 9-232 所示。

图 9-231　调整背景树木大小

图 9-232　添加植物

07 打开"竹子"文件素材，如图 9-233 所示。

08 将其依次添加至效果图中，效果如图 9-234 所示。

图9-233 竹子素材

图9-234 添加竹子效果

09 添加人物素材和文字素材，丰富画面效果，提升画面意境，效果如图9-235所示。

4. 光线调整

一幅效果图，除了要添加真实可信的景物之外，还要对其光线照射情况进行想象，光影效果也是效果表现的一个重要方面。

01 新建一个图层，设置前景色为浅黄色。

02 单击工具箱中的画笔工具【✎】。设置画笔的不透明度为30%左右，绘制光线，如图9-236所示。

图9-235 添加人物、文字

图9-236 绘制光线

03 新建一个图层，按D键，恢复默认的前景色/背景色的颜色设置，单击工具箱中的渐变工具【▊】，选择从黑色到透明的渐变方式，拉伸一个纵向的渐变，如图9-237所示。

04 更改图层的不透明度为45%左右，最后效果如图9-238所示。

图9-237 渐变效果

图9-238 更改图层属性

到这里，一幅波光潋滟的现代花架效果图就完成了。

9.5 公园景观设计与表现

将园林类作为单独的一类不是没有道理的，因为园林效果图有其自身的特殊性。园林是自然的一个空间境域，与文学、绘画有相异之处。园林意境寄情于自然物及其综合关系之中，情生于境而又超出由之所激发的境域事物之外，给感受者以余味或遐想余地。

中国乃是四大文明古国之一，文化起源源远流长，园林艺术亦是中国文化的一脉，它与一般建筑不同的是，它不单纯只是一种物质环境，更是一种艺术形象。它以欣赏价值为主，其间所种多为观赏性强的花草树木，讲究的是神、韵，表现的是山水典藏的非凡魅力。

首先来看"公园景观设计与表现"处理之前和处理之后的对比效果，如图 9-239 所示。

处理前　　　　　　　　　　　　　　　　处理后

图 9-239　公园景观设计与表现效果对比图

从处理效果来看，景观效果图的制作有很大的发挥空间，对于环境的处理非常灵活，处理之前我们所能看到的仅仅只是一座小桥，和一个亭子，还有简单的一块绿地规划区域，这样的模型看起来索然寡味，并无生气。通过后期的加工处理，小桥和亭子掩映在绿树碧水之间，如一幅婀娜多姿的江南画卷，目光能及之处，处处是画，处处又融入画中，美不胜收。

本小节将学习这种类型的效果图的制作方法和技巧。

9.5.1 大范围铺笔——处理天空、水面、草地

大范围的铺陈，是制作效果图的必要步骤，这对于后面细节的处理也是相当有帮助的，大的关系确立了，才好着手处理细节问题。

1. 处理天空

在前面的章节中讲到过天空的选择和建筑类型、天气以及要表达的氛围等是相关的。这里是一个公共的休憩场所，强调情趣之美，所以天空的选择可以适当活泼一点。从模型也可以看出，这是一个有着大面积水面的效果图，如果天空和水面都是纯净的渐变色，那么整幅效果图就失去了变化的活力。

01 运行 Photoshop CS6 软件，按 Ctrl+O 快捷键，打开"未央桥.psd"的文件。

02 按 Ctrl+O 快捷键，在素材库中找到如图 9-240 所示的天空素材。

03 按 Ctrl+A 快捷键，全选图像，按 Ctrl+C 快捷键，对选区内的图像进行复制，回到当前效果图的操作窗口，按 Ctrl+V 快捷键进行粘贴。

图 9-240　天空素材

04 调整图层顺序，将天空素材置于建筑模型"图层 0"的下方，如图 9-241 所示。

图 9-241　粘贴图像

05 按上下方向键，轻移图像，将天空素材中的地平线和模型中的地平线对齐，确保透视关系正确。

2．处理水面

01 打开水面素材，如图 9-242 所示。这是从其他的图像里面截取的一部分水面作为本实例的水面素材，这也是后期处理中常使用的一种取材的方法。

图 9-242　水面素材 1

02 将水面素材添加至效果图中，使用移动工具【 ▶ 】，移动素材至如图 9-243 所示的位置。

图 9-243　添加水面素材 1

03 这里水面的纹理还不是很清楚，我们需要利用素材组合的方法制作水面的纹理质感，首先找到一张有水面纹理质感的水面素材，如图 9-244 所示。

图 9-244　水面 2

04 将水面素材 2 也添加至效果图中，如图 9-245 所示，这样右侧的水面质感得到加强，水面看起来更真实。

图 9-245　添加水面素材 2

3. 处理草地

01 展开图层面板，选择"颜色材质通道"图层，使用魔棒工具【　】，单击绿色部分，先将草地区域进行选取，如图 9-246 所示。

图 9-246　建立草地选区

02 切换到"图层 0"，按 Ctrl+Shift+J 快捷键，复制选区至新的图层，重命名为"草地"。

03 打开"配景"素材，如图 9-247 所示。选择其中的草地素材，将其添加至效果图中，用来制作草地效果。

图 9-247 配景素材

04 将草地素材复制几层，将原来的草地区域进行覆盖，如图 9-248 所示。

图 9-248 添加草地效果

到这里大关系的处理就基本上完成了，水面、天空、草地的关系已经基本确定，接下来着手细节的处理。

9.5.2 局部刻画——添加远景、树木、花草等植物

01 打开"配景.psd"的文件，选择其中的背景楼素材，如图 9-249 所示。

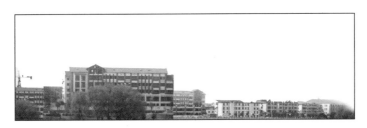

图 9-249 背景楼

02 将背景楼素材添加至效果图中，如图 9-250 所示。

03 将配景中的荷花和船只素材添加至效果图中，如图 9-251 所示。

04 打开"树木.psd"文件素材，这里面包含了很多种树木以及树群，如图 9-252 所示。通常情况下，树群用来制作远景，先添加远景，然后再添加单棵树木，和远景形成疏密有致，远近层次分明的景观。

图 9-250　添加背景楼素材

图 9-251　添加荷花、船只

05　选择松树群，将其添加至效果图中，在左侧和桥的右侧分别放置，如图 9-253 所示。

图 9-252　树木素材

图 9-253　添加松树

06　调整树木的颜色，按 Ctrl+B 快捷键，打开【色彩平衡】对话框，调整参数如图 9-254 所示，调整后效果如图 9-255 所示。

图 9-254　"色彩平衡"参数

图 9-255　"色彩平衡"效果

07　添加树群素材，丰富画面的远景部分，如图 9-256 所示。

图 9-256　添加远景树群

08 选择树群素材，添加至效果图中，在这里选择如图 9-257 所示的柳树，该树群树木茂盛，颜色青翠，树种适合水边种植，是公园水边造景的常选。

图 9-257　树群素材

09 添加之后，调整大小至合适，效果如图 9-258 所示。

图 9-258　添加柳树

10 将剩余的单棵树木素材全部移动复制到当前效果图中，以备下一步的操作，如图 9-259 所示。

图 9-259　单棵树木

11 根据自身审美需求，将树木合理的摆放，最后效果如图 9-260 所示。

图 9-260 添加所有树木

到这里效果图的制作已经完成了大半，最后再添加一些花草作为点缀，丰富画面的色彩。

9.5.3 调整——构图、光线、色彩调整

最后阶段，构图的调整，使画面的平衡感加强，而光线和色彩的调整则起到画龙点睛的作用，对色彩以及效果图的亮点有很明确的目标性，经过调整之后，色彩之间的过渡会更柔和，亮点更突出。

1. 构图调整

从图 9-261 可以看出，该效果图的上下部分均有一部分是多余的，严重影响了构图的美观性，需要进行裁剪。

01 单击工具箱中的裁剪工具【 ⌧ 】，单击起始点，拖动鼠标至结束点松开，出现裁剪框，如图 9-262 所示。

图 9-261 效果图初坯

图 9-262 裁剪框

02 将图像放大显示，调整裁剪控制柄，精确裁剪图像。

03 按回车键，应用裁剪，如图 9-263 所示。

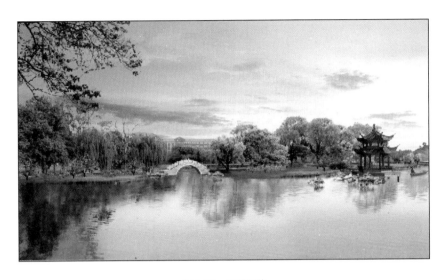

图 9-263 裁剪图像

2. 光线调整

01 新建一个图层，命名为"光线"。然后设置前景色为橘黄色，色值参考为#"fcca8a"。

02 单击工具箱中的画笔工具【🖌】，参数设置如图 9-264 所示。

图 9-264 画笔参数

03 为了虚化小桥后面的树群背景，这里采用绘制光带，调整不透明度的方法来完成。

04 绘制光带如图 9-265 所示，调整图层的顺序，使之只能遮挡住小桥后面的背景树群。

05 调整图层的不透明度为 44%，效果如图 9-266 所示。

图 9-265 绘制光带

图 9-266 更改图层属性

06 同样的方法，新建一个图层，设置前景色为白色，制作右侧的白色雾气效果，虚化效果图的右侧，加强景深效果，如图 9-267 所示。

图 9-267   虚化右侧效果

3．色彩调整

01 按 Ctrl+Shift+Alt+E 组合键，盖印可见图层，执行【滤镜】|【模糊】|【动感模糊】命令，设置参数如图 9-268 所示。

02 单击【确定】按钮，展开图层面板，更改图层的【混合模式】为"柔光"，调整不透明度为 27% 左右，效果如图 9-269 所示。

图 9-268   "动感模糊"参数

图 9-269   更改图层属性

03 添加桥和亭子的倒影，扩展 300 像素黑色画布，完成最终效果图，如图 9-270 所示。

图 9-270   公园景观设计效果图

鸟瞰效果图后期处理实战

　　作为一种重要的建筑效果图类型，鸟瞰效果图通过透视感极强的三维空间表现出建筑的形体以及建筑与环境的关系，使整个建筑的形态、风格、外观和周边环境都一览无遗。

　　本章将通过两个大型的实例解析鸟瞰图后期制作的方法和相关技巧，细致讲解制作鸟瞰图的全过程，希望对初学者大有裨益。

第10章

　　鸟瞰图的表现一般不局限于单独的建筑个体，而是建筑群和自然景观的有机融合，但又突出本身想要表现的建筑主体，这和后期处理中，表现主建筑是不相违背的。它应用于城市规划较为普遍。我们常见的有小区住宅的鸟瞰规划图、城市规划的鸟瞰图、度假村的鸟瞰规划图以及厂区、办公楼群的鸟瞰规划图等。

　　如图 10-1 所示为大型住宅小区鸟瞰建筑效果图。

　　如图 10-2 所示城市规划鸟瞰建筑效果图。

图 10-1　住宅小区鸟瞰效果图

图 10-2　城市规划鸟瞰效果图

　　如图 10-3 所示为度假村鸟瞰建筑效果图。

图 10-3　度假村鸟瞰建筑效果图

　　对于大多数建筑效果图初学者来说，由于制作鸟瞰效果有一定的难度，并且工作量巨大而感觉无从下手，其实只要理清了思路，掌握了方法和技巧，制作出具有专业水准的鸟瞰效果图并不是很困难的事情。

10.1 住宅小区鸟瞰图后期处理

　　住宅小区是比较常见的鸟瞰图类型，它主要表现的是小区建筑的规划与周围环境的关系。本节讲解的住宅小区鸟瞰图处理前后效果对比如图 10-4 和图 10-5 所示。

图 10-4 小区鸟瞰图处理前

图 10-5 小区鸟瞰图处理后

10.1.1 草地处理

01 运行 Photoshop CS6 软件，按 Ctrl+O 快捷键，打开鸟瞰图初始文件 "nk.psd"。里面包含了背景层和两个颜色材质通道，如图 10-4 所示。

02 选择 "背景副本" 图层，使用魔棒工具【🪄】，单击如图 10-6 所示的红色区域。

03 切换到 "背景" 图层，按 Ctrl+Shift+J 组合键，复制草地区域，并以新的图层存在，如图 10-7 所示。

图 10-6 "背景副本" 选区示意图

图 10-7 复制草地至新的图层

04 按 Ctrl+O 快捷键，打开配套光盘给定的草地素材，如图 10-8 所示，将其移动复制到当前操作窗口。

05 重命名该图层为 "草地" 图层，按住 Ctrl 键，单击草地缩览图，全选草地，然后松开 Ctrl 键，按住 Alt 键，拖动鼠标，在同一图层内完成草地复制，并使之铺满有建筑的区域，如图 10-9 所示。

图 10-8 草地素材

图 10-9 铺草地

06 为了使草地的层次丰富，我们可以将草地的颜色稍作变化，选择"背景副本 2"，使用魔棒工具【✎】单击靠河流边缘的带状草地区域，建立如图 10-10 所示的选区。

图 10-10　背景副本 2 选区示意图

07 单击"背景副本 2"前面的眼睛按钮【●】，将其隐藏。

08 切换到"草地"图层，按 Ctrl+B 快捷键，快速打开【色彩平衡】对话框，调节选区内草地的高光参数和中间调参数分别如图 10-11 和图 10-12 所示。

图 10-11　高光参数

图 10-12　中间调参数

09 按 Ctrl+Shift+I 组合键反选选区，调整另外的草地的高光和中间调的参数分别如图 10-13 和图 10-14 所示。

图 10-13　高光参数

图 10-14　中间调参数

10 草地颜色进行调整后效果如图 10-15 所示。

11 从图 10-15 可以看出，草地的层次出来了，但是建筑物在草地上的投影部分被遮盖了，现在就来给草地制作阴影。

12 首先选择"图层 1"，使用魔棒工具【 ✦ 】，设置容差为 1，取消"连续"复选框勾选，并设置取样大小为"3×3 平均"，然后单击草地上的投影部分，建立选区如图 10-16 所示。

图 10-15　草地颜色调整效果

图 10-16　阴影选区示意图

13 按 Ctrl+J 快捷键复制选区阴影部分，重命名图层为"阴影"。

14 更改图层【混合模式】为"强光"模式，不透明度更改为 60% 左右，效果如图 10-17 所示。

15 制作间隔色草地，最后效果如图 10-18 所示，下面讲解具体方法。

图 10-17　阴影效果

图 10-18　间隔色草地效果

16 选择"草地"，使用矩形选框工具【 ▭ 】，在深色草地区域，随意拉一个条形选框，按 Ctrl+J 快捷键复制一块深色草地，按 Ctrl+B 快捷键，调整草地颜色，参数设置与图 10-13 和图 10-14 所示一致。

17 按 Ctrl+T 快捷键，变换得到如图 10-19 所示的条状草地。

18 按 Ctrl+J 快捷键，复制一个，按 Ctrl+T 快捷键，根据扇形屋顶的透视关系变换条状草地，如图 10-20 所示。

图 10-19　条状草地

图 10-20　变换变形

19 以此方法制作剩下的草地，最后合并所有条状草地图层，重命名为"间隔色草地"，效果如图 10-21 所示。

10.1.2 路面处理

01 选择"背景副本 2"图层，使用魔棒工具【🪄】单击图层中蓝色区域，如图 10-22 所示。

图 10-21　合并间隔色草地图层

图 10-22　蓝色道路选区

02 单击"背景副本 2"图层前面的眼睛按钮【👁】，将其隐藏，再切换到"背景"图层，按 Ctrl+J 快捷键，复制道路至新的图层，重命名该图层为"路面"。

03 按 Ctrl+J 快捷键，再复制一层"路面"，按住 Ctrl 键，单击图层缩览图，将路面全选，然后执行【滤镜】|【杂色】|【添加杂色】命令，效果如图 10-23 所示。

04 路面颜色偏蓝、偏暗，所以也要对其颜色进行调整，首先按 Ctrl+M 快捷键，快速打开【曲线】调整对话框，将控制曲线调整至如图 10-24 所示的形状。

图 10-23　杂色命令

图 10-24　"曲线"调整

05 选择加深工具【👆】，强度为 30% 左右，范围选择"阴影"，对路面的中间位置以及边缘区域进行加深处理。按住 Shift 键不放，在起始点单击鼠标，再在结束点单击鼠标。

06 选择减淡工具【🔍】，强度为 80% 左右，范围选择"高光"，对路面车轮经过的区域进行减淡处理，同样按住 Shift 键不放，在起始点单击鼠标，再在结束点单击鼠标，效果如图 10-25 所示。

图 10-25　路面加深减淡效果

07 按 Ctrl+B 快捷键，快速打开【色彩平衡】对话框，调整参数如图 10-26 所示。

08 道路效果如图 10-27 所示。

图 10-26　"色彩平衡"参数设置

图 10-27　道路效果

10.1.3 制作水面

01 选择魔棒工具【✦】，将容差设为 10 左右，单击"背景"图层中水面部分，直到水面全部选中，如图 10-28 所示。按下 Ctrl+J 复制水面至新的图层，重命名图层为"水面"。

02 按 Ctrl+O 快捷键，打开配套光盘给定的水面素材，如图 10-29 所示。

图 10-28　水面选区

图 10-29　水面素材

03 选择套索工具【◯】，将水面波纹比较细腻、颜色比较浅的部分选取，如图 10-30 所示。

中文版 Photoshop CS6 建筑表现技法

图 10-30　素材选取

04 按 Shift+F6 快捷键，打开【羽化选区】对话框，将选区羽化 20 个像素，单击【确定】按钮，关闭【羽化选区】对话框，按下 Ctrl+J 快捷键复制水面素材。

05 将复制的水面素材移动复制到当前操作窗口，将其置于"水面"图层的上方，然后执行【图层】|【创建剪贴蒙版】命令，隐藏多余的水面，移动水面素材到合适的位置，如图 10-31 所示。

06 按 Ctrl+J 快捷键复制一层，按 Ctrl+T 快捷键进行变换，右击鼠标，选择【垂直翻转】命令，制作纵向河流的水面效果，如图 10-32 所示。

图 10-31　添加横向水面

图 10-32　添加纵向水面

10.1.4 制作背景

01 按 Ctrl+Shift+N 组合键，新建一个图层，设置前景色为# "edf6e6"，按 Alt+Delete 快捷键，快速填充前景色。

02 切换到"草地"图层，选择橡皮擦工具【 】，设置笔刷如图 10-33 所示，将边缘部分擦除，注意擦除的时候要随意，保证边缘线条流畅就可以了。

图 10-33　橡皮擦参数设置

03 执行【滤镜】|【纹理】|【纹理化】命令，将背景进行纹理化处理，背景制作的最后效果如图 10-34 所示。

300

图 10-34　背景效果

至此，住宅小区鸟瞰图的大体关系就基本确定了，接着就是细节的处理。这是一个小区的鸟瞰图，那么它和企业的鸟瞰图做法是不同的，它的树种可以更丰富，之间可以间杂种植花丛、灌木等，表现形式比较自由，强调的是一种葱茏、茂盛的感觉，给人清新、舒适、温馨之感。

10.1.5　种植树木

种植树木同样是有先后顺序的，一般而言，先种植周边的树木，我们称之为"行道树"，然后种植较大的树，然后种植小一些的树，最后种植灌木、花丛。

01　按 Ctrl+O 快捷键，打开配套光盘给定的行道树素材，如图 10-35 所示。

02　将其移动复制到当前效果图的操作窗口，调整好树木的高度，沿道路种植，如图 10-36 所示。

图 10-35　行道树素材

图 10-36　种植行道树

注意　在种植树木的时候，有些地方会将建筑挡掉，那么先要将这些地方用选择工具选出来，然后删除，使被遮挡的建筑露出来。

03　按 Ctrl+O 快捷键，继续打开配套光盘给定的树木素材，如图 10-37 所示。

04　选择第一种树木，种植在如图 10-38 所示的位置。

图 10-37　树木素材

图 10-38　第一种树木

05 选择第二种树木，种植在如图 10-39 所示的位置。

06 选择黄色的树木，间隔的种在绿色树木之间，起到点缀作用，丰富画面的颜色，如图 10-40 所示。

图 10-39　第二种树木

图 10-40　黄色树木

07 照此方法，种植其他的树木，种类相同的树木尽量放在一个图层里，这样便于后面的调整，树木大致种植布局如图 10-41 所示。

08 种植建筑中间道路的行道树。同样打开"行道树"素材，如图 10-42 所示。

图 10-41　树木种植效果

图 10-42　行道树素材

09 中间部分是全图的核心部分，里面的树木比周边的树木要实，在这里我们主要通过调整树木颜色来表现中间的行道树。按 Ctrl+B 快捷键，打开【色彩平衡】对话框，调整"高光"参数如图 10-43 所示。这样调整后，树木顶端的高光部分的颜色会变得偏黄，像是阳光照射到树顶产生的效果。

10 同样的方法，调整行道树的"中间调"，使整棵树的颜色也偏黄，这样与周围的其他树木又区分开，树木的层次更清晰，参数设置如图 10-44 所示。

图 10-43　高光调整　　　　　　　　　　图 10-44　"中间调"调整

11 调整效果如图 10-45 所示。

12 将行道树移动复制到当前操作窗口，按 Ctrl+T 快捷键，调整树木的大小，沿着建筑之间的道路种植行道树，如图 10-46 所示。

图 10-45　调整效果

图 10-46　中间行道树种植效果

13 调整树木的层次，高一些的树木的图层一般在矮一些的树木的图层的上面，这样树木遮挡的层次效果才真实。

刚开始种植树木的时候，不需要太注重细节，先将树大致种好，最后再检查树木遮挡建筑的情况。如图 10-47 所示，有些树就种到建筑上面了，很明显要将其删除。

14 选择多边形套索工具【 〔图标〕 】，将建筑的轮廓勾勒出来，然后选择选择工具【 〔图标〕 】，将其置于种在建筑上的树木上面，然后单击鼠标，选择该树木所在的图层，按下 Delete 键将其删除，效果如图 10-48 所示，同样的方法处理其他建筑上的多余树木。

图 10-47　建筑上的树木

图 10-48　删除建筑上的树木

10.1.6 给水面添加倒影

01 按 Ctrl+O 快捷键，打开配套光盘给定的倒影素材，如图 10-49 所示。

图 10-49　倒影素材

02 将倒影素材移动复制到当前操作窗口，按 Ctrl+T 快捷键，旋转图像，使之与河岸平行，如图 10-50 所示。

03 更改图层【混合模式】为"强光"。

04 选择橡皮擦工具【🩹】，将边缘衔接生硬部分擦除，最后效果如图 10-51 所示。

图 10-50　变换倒影

图 10-51　倒影效果

10.1.7 制作周边环境

01 按 Ctrl+O 快捷键，打开背景素材，如图 10-52 所示。

02 使用套索工具【🔾】，随意选取一块，羽化 100 个像素，如图 10-53 所示。

图 10-52　背景素材

图 10-53　羽化选区

03 将其移动复制到当前操作窗口，置于"图层 2"下面，然后拖动鼠标沿道路边缘复制，制作边缘植被茂盛的山体，如图 10-54 所示。

04 制作云雾效果，如图 10-55 所示。

图 10-54　周边山体效果

图 10-55　云雾效果

鸟瞰场景配景众多，难免会出现颜色和色调不协调的情况，此时应在图层调板顶端添加颜色调整图层，以统一整个图像颜色和色调。

05 单击图层面板下面的【　】按钮，选择【色彩平衡】命令，调整中间调，参数设置分别为"-6、0、+10"，勾选"保持明度"，最后效果如图 10-56 所示。

图 10-56　住宅小区鸟瞰最终效果

10.2 遗址景观鸟瞰图后期处理

鸟瞰图的类型很多，看起来纷繁复杂，做起来思绪容易混淆，其实不然。鸟瞰图的制作，最重要的是要把握思路和方法，无论是前面讲解的住宅小区鸟瞰图的处理，还是本节即将讲解的遗址景观鸟瞰图的后期处理都是一样的，处理前都要先确定好思路，这个思考的过程很重要。

首先看处理前后，效果对比，如图 10-57 所示。

处理前

处理后

图 10-57　对比效果图

　　通过完成效果图可以看出，鸟瞰图并不要求每一个细节都处理的细致入微，它强调的是大关系的把握，这里运用了抽象、虚化的背景来衬托整个大的场景，将视觉重点指向画面的中心建筑，建筑周围则以大量的树木和蜿蜒生动的水体加以着重刻画，虚实的对比中，达到突出表现主体建筑的目的。

10.2.1 通道法分离背景

　　01 运行 Photoshop CS6 软件，按 Ctrl+O 快捷键，打开 "遗址景观鸟瞰图.psd" 的文件。

　　02 选择【窗口】|【通道】命令，打开通道面板，选择 "Alpha 9" 通道。按住 Ctrl 键，单击该通道，将其载入选区，如图 10-58 所示。

　　03 回到图层面板，选择 "背景" 图层，双击 "背景" 图层，将其转换为普通图层，得到 "图层 0"。

　　04 按 Ctrl+Shift+J 组合键，将纯色背景剪切到一个新的图层，得到 "图层 1"，调整图层顺序，将 "图层 1" 置于底层，如图 10-59 所示。

图 10-58　载入 "Alpha 9" 通道

图 10-59　分离纯色背景

　　05 这样就将纯色背景和建筑主体进行了完整的分离，以便于后面的处理。

10.2.2 制作虚化的背景

　　01 按 Ctrl+O 快捷键，打开配套光盘提供的平原背景素材，如图 10-60 所示。

图 10-60　平原

02 将该素材添加至效果图中，放置到合适的位置，由于该素材整体的颜色偏暖，而遗址景观鸟瞰图受俯视关系的影响，颜色一般偏冷和偏蓝，这里需要首先对素材的色彩进行细微的调整，按 Ctrl+ B 快捷键，打开【色彩平衡】对话框，分别调整"中间调"和"阴影"参数如图 10-61 和图 10-62 所示。

图 10-61　中间调参数

图 10-62　阴影参数

03 调整结果如图 10-63 所示。

04 将图像添加至效果图中，通过复制几个相同的图层，利用层叠的方法，拼合背景，效果如图 10-64 所示。

图 10-63　"色彩平衡"调整效果

图 10-64　添加背景图像

05 将生硬的边缘接缝使用橡皮擦柔和地擦除，效果如图 10-65 所示。

10.2.3 铺植草地

接下来要做的事情就是给遗址主体建筑周边铺植草地，突出显示中心建筑部分。

01 按 Ctrl+O 快捷键，打开配套光盘提供的"草地"素材，使用套索工具【 ⌒ 】，选择草地部分。

02 按 Shift+F6 快捷键，打开【羽化选区】对话框，将选区羽化 20 个像素，然后复制、粘贴至效果图中。

03 沿着主体建筑后面的水域曲线，铺植草地，效果如图 10-66 所示。

图 10-65　整合背景　　　　　　　　　　　　　　图 10-66　铺植草地

04 为了使草地看上去有亮点，这里需要对草地再进行处理，在工具箱中选择画笔工具【 ✎ 】，设置前景色为橘黄色，色值参考为# "fdc51a"，绘制亮点如图 10-67 所示。

05 更改图层的【混合模式】为"亮光"，降低图层的不透明度为 45%，效果如图 10-68 所示。

图 10-67　绘制亮光　　　　　　　　　　　　　　图 10-68　更改图层属性

10.2.4 制作河流水面

水就像是一股灵气，蜿蜒盘附在这山体周围，自然而不雕饰的形态，再加上真实的水面效果表现，使得效果图灵动有致，颇有余味。

01 按 Ctrl+O 快捷键，打开配套光盘提供的水面素材，如图 10-69 所示。

02 将水面素材全选、复制，然后粘贴至效果图中，水面素材和效果图的尺寸相差无几。

03 打开通道面板，将"Alpha 11"载入选区，得到水面选区，如图 10-70 所示。

04 切换到图层面板，选择水面素材所在图层，单击图层面板下方的图层蒙版按钮【 ▣ 】，将水面以外的区域进行隐藏，如图 10-71 所示。

05 取消图层和蒙版之间的链接，选择图层缩览图，移动图像使水面区域尽量显露出来。

图 10-69　水面素材

图 10-70　载入 Alpha 11 选区

06　单击工具箱中的套索工具【○】，将水面区域随意选取，以备制作没有被水面素材覆盖区域的水面效果。

07　按 Shift+F6 快捷键，打开【羽化选区】对话框，设置羽化半径为 20 像素，单击【确定】按钮，如图 10-72 所示。

图 10-71　添加图层蒙版

图 10-72　建立羽化选区

08　按住 Ctrl+Alt 键，拖动鼠标在同一图层内复制水面素材，直到水面素材将整个河流区域覆盖，如图 10-73 所示。

图 10-73　复制水面

09 按 Ctrl+U 快捷键，打开【色相/饱和度】对话框，设置参数如图 10-74 所示，调整水面的亮度、色相以及饱和度，调整后效果如图 10-75 所示。

图 10-74 "色相/饱和度"参数设置

图 10-75 "色相/饱和度"调整效果

到这里水面的处理基本完成，接下来开始对整体进行细节处理，主要是种植大量树木，制作植被茂盛的景象。

10.2.5 种植树木

01 打开树木素材，如图 10-76 所示。

02 选择树丛素材，将大范围的草地以树丛点缀，如图 10-77 所示。

图 10-76 树木素材

图 10-77 添加树丛素材

03 添加榕树和松树丛素材，如图 10-78 所示。

04 添加黄色的树木，以丰富树群的颜色，如图 10-79 所示。

图 10-78 添加榕树素材

图 10-79 添加黄色树木

05 添加素材，将相同的素材合并在一个图层内，最后添加树木的效果如图 10-80 所示。

图 10-80　添加树木效果

10.2.6 最终调整

在前期将效果图的大量工作完成之后，最后一步调整是必不可少的，这样可以纵观全图，对图像有一个整体的把握，同时也是起到画龙点睛作用的一步。

1．构图调整

有时候为了方便查看，在前期渲染模型的时候，会将周边区域多渲染一部分，经过后期处理之后，可以根据需要将多余的部分裁减掉，或者用黑色的边框遮挡起来。

01 按 Ctrl+Shift+N 组合键，新建一个图层。

02 单击工具箱中的矩形选框工具【 】，建立选区，填充黑色，如图 10-81 所示。

图 10-81　添加黑色边框

2．添加云雾效果

云雾效果在鸟瞰图中是经常用到的表现手法，这样可以将周边地区进行虚化表现，突出展示渲染主体，同时也符合鸟瞰的实际情况。

云雾效果的表现方法有两种，一种是直接添加云雾素材，另一种就是通过画笔绘制，调整图层的不透明度的方法来模拟表现。

首先来讲画笔绘制的方法制作云雾效果，这种方法是最常用的。

01 新建一个图层，设置前景色为橘黄色，色值参考为# "ffe8a7"。

02 单击画笔工具【　】，绘制形状如图 10-82 所示。

图 10-82　绘制形状

03 更改图层的【混合模式】为"颜色减淡"，填充值为 30%，效果如图 10-83 所示。

图 10-83　更改图层属性

04 再新建一个图层，绘制形状如图 10-84 所示。

图 10-84　绘制形状

05 更改图层的【混合模式】为"颜色减淡"，填充值为 17%，效果如图 10-85 所示。

图 10-85　更改图层属性

06 同样的方法处理右侧的云雾效果，如图 10-86 所示。

图 10-86　云雾效果

3．画面补充

由于鸟瞰图的可视范围较广，而在前期建模的时候往往只将主体建筑进行建模，有时候忽略了周围建筑，所以在后期处理的时候，为了简单的表达周边建筑的关系，会使用虚拟建筑来概括。

01 打开虚拟建筑素材，如图 10-87 所示，将其添加至效果图中，如图 10-88 所示。

图 10-87　虚拟建筑

图 10-88 添加虚拟建筑

02 添加人物素材，按 Ctrl+O 快捷键，打开人物素材，如图 10-89 所示。

图 10-89 人物素材

03 将人物素材添加至遗址的中心广场，制造人群络绎不绝的景象，增强景观遗址的文化氛围，最后景观遗址的效果完成如图 10-90 所示。

图 10-90 景观遗址效果图

314

特殊效果图后期处理

　　有些时候，为了表现建筑设计师的主观意识，更好地体现建筑风格，需要表达一种特殊的意境，让人们更深切地了解设计师对该建筑项目的设计思想，以使那些对常规表现方法不是很满意的甲方眼亮豁然一亮，这就是特殊建筑效果图。

　　本章将重点介绍建筑表现中常见的夜景、雪景、雨景等特殊效果图的制作方法。

第11章

11.1 特殊效果图表现概述

总的来说，特效效果图大致可分为两类：一类是为表现某种特定场景而制作的效果图，如夜景、雨景、雪景、雾天等特殊天气状况；一类是为了展示建筑物的特点，通过夸张的色彩、造型等内容来表现效果图。

如图 11-1 所示的民居效果图，为了体现江南民居的特色，采用了雨景的表现手法，粉墙黛瓦，烟云笼罩，建筑与环境自然融合，柔美的画面风格和淡雅的整体色调，展现出一幅雨中江南的美丽景象。

图 11-1　民建雨景效果图

如图 11-2 所示的建筑效果图，则为了展示建筑物的特点，通过夸张的色彩和简约、水墨画风格的配景，体现出该图书馆建筑的特色。

图 11-2　水墨画风格建筑效果图

如图 11-3 所示的建筑效果图则完全将画面作为山水国画来处理，既表现了建筑环境的特点，又体现了建筑自身的特色。

图 11-3　山水画风格建筑效果图

11.2 夜景效果图表现

夜景效果图在各种效果图中是效果最为绚丽的一种，是体现建筑美感的一种常见表现手段。夜景效果图的主要目的不在于表现出建筑的精确形状和外观，而是用于对建筑物在夜景的照明设施、形态、整体环境等内容进行展示。它能够很好地吸引人们的目光，可用于效果展示和销售推广，如图 11-4 所示为比较典型的夜景建筑效果图。

图 11-4　夜景效果图

本节以某高层写字楼为例，介绍夜景效果图的处理手法，如图 11-5 和图 11-6 所示为处理前后的效果。

图 11-5　3ds max 渲染图像　　　　　　　　　图 11-6　后期处理效果

11.2.1 分离背景并合并通道图像

01　按 Ctrl+O 快捷键，打开 3ds max 渲染输出的高层写字楼图像，如图 11-5 所示。该图像灯光和质感比较平淡，夜景气氛不够突出，需要在后期重点进行调整。

02 使用前面介绍的方法，首先将 3ds max 渲染输出的写字楼通道图像合并至建筑图像窗口，以方便选择各材质区域，然后将建筑图像从背景中分离出来，重命名为"写字楼"图层，如图 11-7 所示。

03 选择"写字楼"图层为当前图层，按 Ctrl+L 快捷键，打开【色阶】对话框，将高光和暗调滑块向中间移动，整体增强图像的明暗对比，如图 11-8 所示。

图 11-7　分离背景并合并通道图像

图 11-8　"色阶"调整

04 打开配套光盘提供的"天空 01.jpg"图像，拖动复制至效果图窗口，按 Ctrl+T 快捷键调整大小和位置如图 11-9 所示。为整幅夜景图像确定一个颜色基调，以便于对建筑材质进行调整。

05 打开"天空 02.jpg"素材，将其拖动复制至"天空 01"图片上方，更改图层【混合模式】为"正片叠底"，图层填充不透明度为 80%，得到如图 11-10 所示颜色和色调更为丰富的夜景天空效果。

图 11-9　添加天空背景

图 11-10　丰富天空效果

11.2.2 墙体材质调整

3ds max 渲染输出的写字楼图像亮面和暗面对比不够突出，使整幅效果图缺乏视觉冲击力，下面分别对建筑亮面和暗面进行调整。

01 使用通道图像，将写字楼墙体材质区域从建筑图像中分离，得到单独的一个墙体图层，如图 11-11 所示。

02 选择"墙体"图层为当前图层，使用矩形选框工具【▢】选择亮面墙体区域，如图 11-12 所示。

03 执行【图层】|【新建调整图层】|【曲线】命令，将控制曲线向上弯曲，如图 11-13 所示，单击【确定】按钮关闭对话框，得到一个曲线调整图层。

图 11-11　分离墙体材质

图 11-12　选择亮光墙体区域

04 执行【图层】|【创建剪贴蒙版】命令，或按下 Ctrl+Alt+G 快捷键，创建剪贴蒙版，使曲线调整图层只对处于其下方的墙体图层产生影响。

05 选择渐变工具【▦】，在蒙版中从上至下填充黑白线性渐变，使墙体亮度从上至下逐渐减弱，得到自然的退晕变化，如图 11-14 所示。

图 11-13　"曲线"调整

图 11-14　在蒙版中填充渐变

06 选择分离的墙体图层为当前图层，使用减淡工具【🔍】在右上角区域拖动，制作出墙体的高光效果，如图 11-15 所示。

07 选择建筑的暗面墙体区域，执行【图层】|【新建调整图层】|【曲线】命令，在打开的【曲线】对话框中将曲线向下弯曲，如图 11-16 所示，降低暗面墙体的亮度，使之与亮面墙体形成强烈的明暗对比。

图 11-15　绘制高光

图 11-16　选择背光面并调整

08 单击【确定】按钮关闭【曲线】对话框，创建得到"曲线 2"调整图层，如图 11-17 所示，按 Ctrl+Alt+G 快捷键，同样创建图层剪贴蒙版。

09 使用同样的方法，调整右侧建筑的亮面和暗面墙体材质，如图 11-18 所示。

图 11-17　创建得到的曲线调整图层

图 11-18　调整右侧的建筑墙体

11.2.3 窗户玻璃材质调整

01 使用通道图像，将玻璃材质从建筑图像中分离，创建得到"玻璃"图层，如图 11-19 所示。

图 11-19　分离玻璃材质区域

02 选择减淡工具【🔍】，提高部分窗户玻璃的亮度，制作出部分房间灯光开启，室内被照亮的效果，如图 11-20 所示，增强夜景的气氛。

图 11-20　提高部分玻璃亮度

03 打开配套光盘提供的商铺室内图片，将其拼接复制，覆盖写字楼第一层的区域，如图 11-21 所示。

图 11-21 拼接商铺室内图片

04 调整图层叠放次序，将室内商铺图片移动至窗户玻璃图层上方，按 Ctrl+Alt+G 快捷键创建剪贴蒙版，玻璃外的室内图片被隐藏，得到第一层的室内效果，如图 11-22 所示，降低图层不透明度为 55%。

图 11-22 创建剪贴组并设置图层属性

05 玻璃材质调整完成。

11.2.4 添加配景

01 添加写字楼后方的建筑楼群，添加写字楼左侧夜景楼群如图 11-23 所示。

02 添加写字楼右侧夜景楼群和树林图像如图 11-24 所示，夜景场景树林图像应降低亮度和对比度。

图 11-23 添加左侧配楼

图 11-24 添加右侧配楼

03 添加写字楼前方的树木、灌木和路灯配景，如图 11-25 所示，路灯光晕可以使用 Photoshop 的画笔工具绘制，只需分别选择圆形和十字形笔刷即可。

图 11-25　添加植物、灌木和路灯

04 添加汽车和路面配景，降低汽车和路面的亮度，如图 11-26 所示。

图 11-26　添加汽车、路面配景

05 为了模拟出行驶汽车的灯光效果，在路面上添加配套光盘提供的光束图像，设置图层不透明度为 60%，如图 11-27 所示。

图 11-27　添加光束效果

06 添加人物图像，完成写字楼夜景的配景添加，如图 11-28 所示。人群具有引导视线的作用，画面中的人物使其涌向写字楼入口，随着人群的动向将观众视线引向重点。

图 11-28　添加人物图像

11.2.5 最终调整

01　选择画笔工具【🖌】，设置不透明度为 40%，设置前景色为#"eadac5"，在写字楼一层位置涂抹，绘制出一条光带，如图 11-29 所示。

图 11-29　绘制亮光

02　设置图层【混合模式】为"颜色减淡"，不透明度为 30%左右，模拟出地面及写字楼一层被路灯照亮的效果，如图 11-30 所示。

图 11-30　设置图层属性

03　在图层面板顶端新建一个图层，选择画笔工具【🖌】，设置前景色为黑色，在画面底端绘制出树影效果，将视觉中心引向画面中心的建筑，如图 11-31 所示。

图 11-31　制作树影

04　选择图层面板顶端图层为当前图层，按 Ctrl+Alt+Shift+E 快捷键，合并所有图层，执行【滤镜】|【模糊】|【高斯模糊】命令，设置模糊半径为 5 像素左右。然后设置图层为"柔光"混合模式，设置不透明度为 50%左右，如图 11-32 所示，使图像更加清楚，明暗变化更为丰富。

05　夜景写字楼后期处理全部完成。

图 11-32　添加柔光图层

11.3 雪景效果图表现

　　为了表现下雪这一特殊场景，极力展现建筑效果图的美感，这里学习雪景表现常用的两种手法，一种是利用雪景素材合成法，另外一种是利用快捷制作积雪的方法制作雪景效果图。

11.3.1 素材法合成雪景效果图

　　以"一叶轻舟"为例，在动手制作雪景效果图之前，先来看处理前后效果对比，分别如图 11-33 和图 11-34 所示。

图 11-33　处理前

图 11-34　处理后

从效果图可以看出这是一个临近水面的仿古建筑，在这里以雪景来进行表现，展现的是一幅唯美的雪景效果图。

1．大关系铺笔——添加天空、水面部分

01 运行 Photoshop CS6 软件，按 Ctrl+O 快捷键，打开"一叶轻舟"的文件，如图 11-33 所示。

02 打开背景素材，如图 11-35 所示。该背景的颜色以蓝灰色调为主，这样符合雪景的天空效果，同时又带有水面，正好符合效果图原来的规划。

图 11-35　湖面素材

03 按 Ctrl+A 快捷键全选素材，再按 Ctrl+C 快捷键，对选区内的图像进行复制，回到当前效果图的操作窗口，按 Ctrl+V 快捷键进行粘贴，将该素材添加至效果图中，调整图层顺序至建筑模型的下方，添加效果如图 11-36 所示。

图 11-36　添加天空背景

在添加天空素材的时候，注意将素材的地平线和建筑模型的地平线对齐，这样场景会更真实。

　　由于水面和天空分属两个层，一个在建筑模型的前方，一个在建筑模型的后方，我们可以使用两张图像来制作水面和天空相接的效果，但是却保留了建筑原型。

　　04 将湖面素材再次粘贴，将水面部分和效果图的水面部分进行大概对齐，然后选择【窗口】|【通道】命令，打开通道面板，如图 11-37 所示。

图 11-37　通道面板

　　05 选择 "Alpha 6" 通道，按住 Ctrl 键，单击该通道缩览图，将其载入选区，如图 11-38 所示。

图 11-38　建立通道选区

　　06 切换到图层面板，选择 "图层 2"，单击图层面板下方的图层蒙版按钮【▢】，将水面多余的部分进行隐藏，如图 11-39 所示。

图 11-39　添加图层蒙版

这样水面和天空就添加完成，接下来处理周边环境细节部分，这里需要找到一些雪景素材，根据效果图的透视关系，进行整合，使其合成为一体，形成一幅雪景图画。

2. 雪景合成

01　按 Ctrl+O 快捷键，打开配套光盘提供的雪景素材，如图 11-40 所示。

图 11-40　雪景素材

02　依据从远到近的顺序添加素材，首先添加远景树，选择树群素材，如图 11-41 所示。

图 11-41　远景树群

03　将该素材添加至如图 11-42 所示的位置，制作水面尽头若隐若现的树群效果，这样做可以加强效果图的景深效果。

图 11-42　添加远景树

04　展开通道面板，将 "Alpha 2" 载入选区，将亭子部分进行选择，然后按 Ctrl+Shift+I 组合键反选选区，单击图层面板下方的图层蒙版按钮【　】，将亭子以内的远景素材进行隐藏，效果如图 11-43 所示。

图 11-43　添加图层蒙版

05 按 Ctrl+T 快捷键，调用变换命令，调整素材的大小比例，然后按住 Ctrl 键，调整左侧的透视关系，将左侧中间的控制点往下轻微拖动，如图 11-44 所示。

图 11-44　调整素材

06 按下回车键，应用变换。

07 为了方便图层秩序的排列，在这里首先将亭子和径墙部分单独分离出来，打开通道面板，将 "Alpha 2" 载入选区，可以看到这里只包含了亭子选区，如图 11-45 所示。

图 11-45　Alpha 2 通道

08 切换到图层面板，选择 "图层 1"，按 Ctrl+J 快捷键，复制亭子部分，得到一个新的图层，重命名为 "亭子"，这样就把亭子作为单独的部分分离了。

09　切换到通道面板，选择"Alpha 6"通道，将其载入选区，再回到图层面板，选择"图层 1"，将选区内的内容复制至新的图层中，重命名图层为"水面"。

10　将"水面"载入选区，按 Ctrl+Shift+I 组合键，反选选区，选择亭子和后面的陆地部分，再回到"图层 0"，复制图像，得到亭子和陆地部分。

11　按住 Ctrl 键，单击"亭子"图层的图层缩览图，将其载入选区，再按下 Delete 键，将新复制的图像中的亭子部分进行删除，这样就分别得到了"水面"、"亭子"、"径墙"单个部分，图层关系如图 11-46 所示。

图 11-46　图层关系

12　选择如图 11-47 所示的雪景素材，添加至效果图中，制作左侧的积雪树木，如图 11-48 所示。

图 11-47　积雪树木素材

图 11-48　添加积雪树木素材

13 添加素材，如图 11-49 所示，将其添加至如图 11-50 所示的位置。

图 11-49　雪景素材

图 11-50　添加雪景素材

14 将该素材复制一层，按 Ctrl+T 快捷键，调用变换命令，将其缩小，继续丰富雪景场景，如图 11-51 所示。

图 11-51　继续添加雪景素材

15 左侧添加雪景效果如图 11-52 所示。

图 11-52　添加左侧雪景

接下来完善亭子、草地以及水面平板上的积雪效果。

16 选择 "图层 0"，执行【选择】|【色彩范围】命令。打开【色彩范围】对话框，单击图 11-53 中吸管所示的位置，将绿地部分进行选择。

图 11-53 "色彩范围" 命令

17 单击【确定】按钮，退出【色彩范围】对话框。

18 新建一个图层，填充白色，如图 11-54 所示。

图 11-54 填充白色

19 按 Ctrl+D 快捷键，取消选择。然后展开通道面板，将 "Alpha 5" 通道载入选区。

20 回到图层面板，按 Ctrl+Shift+I 组合键，反选选区，按下 Delete 键，删除多余的白色图像，如图 11-55 所示。

图 11-55 删除多余白色图像

21 添加"雪景素材"里的河沿素材，如图 11-56 所示。

图 11-56　雪景素材

22 将其添加至绿地的边缘，沿着绿地的边缘，根据近大远小的规律，利用变换、变形制作河沿效果，如图 11-57 所示。

图 11-57　初步河沿效果

23 合并图层，利用通道存储的选区，将挡住亭子部分的河沿素材进行删除，最后效果如图 11-58 所示。

图 11-58　河沿效果

24 制作屋顶积雪效果，首先选择"亭子"图层，执行【选择】|【色彩范围】命令，打开【色彩范围】对话框，设置颜色容差为 37 左右，单击如图 11-59 所示的位置，选择屋顶部分瓦槽的深色区域，便于制作瓦槽的积雪效果。

25 单击【确定】按钮，得到选区，新建一个图层，填充白色，效果如图 11-60 所示。

技巧　制作树冠的积雪效果，在执行色彩范围命令的时候，取样颜色选择高光部分，而在制作建筑物的积雪效果时，取样颜色选择顶部的深色阴影区域，如果取样时颜色不能选择完全，可以通过"加选颜色"的吸管，吸取更丰富的取样颜色。

图 11-59 颜色取样位置　　　　　　　　　　　图 11-60 屋顶积雪效果

26 将多余的白色积雪删除即可，同样的方法给水中的跳板制作积雪效果。

27 选择"积雪"图层，调整积雪的颜色，按 Ctrl+U 快捷键，打开【色相/饱和度】对话框，设置参数如图 11-61 所示，将积雪的颜色调整至偏蓝色，与周围的环境色融为一体。

28 单击【确定】按钮，退出【色相/饱和度】对话框，效果如图 11-62 所示。

图 11-61 "色相/饱和度"参数设置　　　　　　　图 11-62 积雪效果

3. 制作飞舞的雪

飞舞的雪始终是雪景表现的一个关键部分，簌簌下落的雪花，不仅美化了画面，而且营造了强烈的雪景气氛，使设计构思能更好地通过画面感来进行诠释，直接而敏锐地侵入我们的视线。

01 按 Ctrl+Shift+N 组合键，新建一个图层，填充白色。

02 执行【滤镜】|【像素化】|【点状化】命令，参数设置如图 11-63 所示。

03 执行【图像】|【调整】|【阈值】命令，设置参数如图 11-64 所示。阈值的参数设置的越大则雪花数目就会越多，反之越少。

图 11-63 点状化参数设置　　　　　　　　　　图 11-64 阈值参数

点状化的参数设置的越大，雪花就会越大，反之越小。

04 单击工具箱中的魔棒工具【✦】，设置容差为 0，单击图像中的黑色区域，将黑色区域进行选择，按 Ctrl+Shift+I 组合键反选选区，将白色片状图像选取。

05 按 Ctrl+Shift+N 组合键，新建一个图层，填充白色，效果如图 11-65 所示。

图 11-65　雪花效果一

06 执行【滤镜】|【模糊】|【高斯模糊】，设置参数如图 11-66 所示。再执行【滤镜】|【模糊】|【动感模糊】命令，参数设置如图 11-67 所示。

图 11-66　"高斯模糊"命令

图 11-67　"动感模糊"命令

07 完成滤镜操作之后，效果如图 11-68 所示，我们给片状的雪花给予了模糊和动感模糊的处理，使之看起来具有动感。

图 11-68　雪花效果

08 为了突出表现主体，将视线引向中心，最后选择橡皮擦工具【】，将中心部分的雪花擦掉，使亭子部分很清晰的展现出来，如图 11-69 所示。

图 11-69　擦除中心的雪花效果

4.　调整

最后调整这一步，包含了画面的完善和补充，以及色彩的一些细微调整。

本实例通过大量素材的添加，画面效果基本上完成，但是为了融入生活气息，增添画面趣味，这里再补充一些素材，例如在静静的水面加上一叶轻舟，如图 11-70 所示。

图 11-70　添加小船

继续调整右侧的远景树群，从生活中可知，距离较远的水面，尤其是雨天、或者雪天，都会有一层薄薄的雾气，阻挡我们的视线，营造朦胧气氛，来继续学习。

01 新建一个图层，设置前景色为浅蓝色，这里我们可以直接吸取天空的颜色。

02 选择边缘过渡柔和的画笔工具，沿着远山绘制雾气效果，如图 11-71 所示。

图 11-71　绘制雾气

03 更改图层的不透明度为 55%，效果如图 11-72 所示。

图 11-72　更改图层属性

04 调整图像整体的颜色，单击图层面板下方的【　】按钮，在子菜单中选择【色彩平衡】命令，设置参数如图 11-73 所示。

图 11-73　"色彩平衡"参数设置

图 11-74　色彩平衡效果

05 按 Tab 键，隐藏所有面板，最后效果图如图 11-74 所示。

06 添加诗词，完成效果如图 11-75 所示。

图 11-75　一叶轻舟雪景效果图

到这里，一幅完整的雪景图就合成了，漫天飞舞的雪花增加了下雪的气氛，整个画面动静景结合，与之前的效果相比，已经是另一番趣味。

11.3.2 快速转换制作雪景

学习了用素材合成雪景，接着来学习直接将日景快速转化为雪景图，看看又是怎样的效果。

01 运行 Photoshop CS6 软件，按 Ctrl+O 快捷键，打开"古建筑初始图.psd"文件，如图 11-76 所示。

图 11-76　古建筑初始图

02 选择"树木"图层，执行【选择】|【色彩范围】命令，将"树木"图层的高光区域选取，以备制作积雪效果，参数设置如图 11-77 所示。

03 单击确定，得到选区，按 Shift+F6 快捷键，打开【羽化选区】对话框，羽化 2 个像素。

04 按 Ctrl+Shift+N 组合键，新建一个图层，设置前景色为白色，按 Alt+Delete 快捷键，快速填充前景色，效果如图 11-78 所示。

图 11-77　"色彩范围"命令　　　　　　　　　　　　图 11-78　填充白色

05 观察发现，除了景物部分全部被加上了积雪效果，湖面、建筑的窗户、走廊以及长廊部分一些不应该出现积雪的地方也出现了积雪效果。选择橡皮擦工具【 ✐ 】将其擦除，最后效果如图 11-79 所示，一片银装素裹的景象就展现在眼前了。

图 11-79　擦除多余积雪

11.4 雨景效果图表现

　　雨景图的处理在后期处理中不经常见，但是作为一类特殊效果图，自然有其独特的魅力，因而倍受青睐。一般而言，雨景图的出现，以江南水乡的民居建筑见多，它是江南一带天气特征的写照，以其独特的朦胧美感征服人的视觉。

　　雨景图的处理和雪景图的处理方法类似，但不尽相同。本节将讲述雨景的制作方法和技巧。

11.4.1 更换天空背景

　　01　运行 Photoshop CS6 软件，按 Ctrl+O 快捷键，打开"江南民居.psd"文件，如图 11-80 所示。

　　02　首先将天空用乌云密布的天空素材更换，继续按 Ctrl+O 快捷键，打开"乌云"素材，如图 11-81 所示。

图 11-80　江南民居

图 11-81　乌云素材

　　03　关闭原文件的天空背景，将乌云素材移动复制到当前操作窗口，如图 11-82 所示。

图 11-82　替换天空素材

04　调整原文件种的树木素材，使之与天空的颜色像协调，接近蓝绿色，按 Ctrl+B 快捷键，打开【色彩平衡】对话框，调整"中间调"和"高光"参数如图 11-83 和图 11-84 所示。

图 11-83　中间调参数

图 11-84　高光参数

11.4.2 制作雨点效果

01　按 Ctrl+Shift+N 组合键，新建一个图层，填充白色。

02　执行【滤镜】|【像素化】|【点状化】命令，参数设置如图 11-85 所示。

03　调整阈值，参数设置如图 11-86 所示。

图 11-85　点状化参数

图 11-86　阈值调整

04　将阈值调整层的不透明度设为 50%，如图 11-87 所示。更改图层【混合模式】为"滤色"，效果如图 11-88 所示。

图 11-87 阈值调整结果

图 11-88 "滤色"模式

05 执行【滤镜】|【模糊】|【动感模糊】命令，将白色点状物制作成雨丝的效果，参数设置如图 11-89 所示。其中角度值决定雨下落的方向，距离值决定模糊的强度。

11.4.3 添加水面雾气

01 给整个画面添加了雨丝效果，接下来制作水面的雾气，按 Ctrl+Shift+N 组合键，新建一个图层。

02 设置前景色为浅蓝色，色值为# "c6e5f9"，选择边缘过渡柔和的笔刷，设置其不透明度为 30% 左右，在水面的边缘涂抹绘画，如图 11-90 所示。

图 11-89 "动感模糊"命令

图 11-90 制作水面雾气

03 执行【滤镜】|【模糊】|【高斯模糊】命令，参数设置如图 11-91 所示。

04 得到如图 11-92 所示的效果。

图 11-91 "高斯模糊"命令

图 11-92 "高斯模糊"效果

11.4.4 最终调整

01 添加雨景人物，如图 11-93 所示。

图 11-93　添加雨景人物

02 按 Ctrl+B 快捷键，打开【色彩平衡】对话框，调整参数如图 11-94 所示，最后雨景效果图如图 11-95 所示。

图 11-94　"色彩平衡"参数设置

图 11-95　最后效果图

为了方便用户查阅和使用 Photoshop 快捷键进行图像操作，现将常用的工具、面板和命令快捷键列表如下：

1. 工具快捷键

快 捷 键	工　　具	快 捷 键	工　　具
A	直接选择工具	N	3D 环绕工具
B	画笔工具	O	减淡/加深/海绵工具
C	裁切工具	P	钢笔工具
D	转换前/背景色为默认颜色	Q	进入快速蒙版状态
E	橡皮擦工具	R	旋转视图工具
F	满屏显示切换	S	图章工具
G	渐变/油漆桶工具	T	文字工具
H	抓手工具	U	形状工具
I	吸管工具	V	移动工具
J	修复工具	W	魔棒工具
K	3D 旋转工具	X	交换前/背景色
L	套索工具	Y	历史记录画笔工具
M	选框工具	Z	缩放工具

2. 面板显示常用快捷键

快 捷 键	工　　具
F1	打开帮助
F2	剪切
F3	复制
F4	粘贴
F5	隐藏/显示画笔面板
F6	隐藏/显示颜色面板
F7	隐藏/显示图层面板
F8	隐藏/显示信息面板
F9	隐藏/显示动作面板
Tab	显示/隐藏所有面板
Shift + Tab	显示/隐藏工具箱外的面板

3．选择和移动时所使用的快捷键

快 捷 键	功 能
任一选择工具 + 空格键 + 拖动	选择时移动选择区域的位置
任一选择工具 + Shift + 拖动	在当前选区添加选区
任一选择工具 + Alt + 拖动	从当前选区减去选区
任一选择工具 + Shift + Alt + 拖动	交叉当前选区
Shift + 拖动	限制选择为方形或圆形
Alt + 拖动	以某一点为中心开始绘制选区
Ctrl	临时切换至移动工具 ▶⊕
Alt + 单击	从 ♡ 工具临时切换至 ♥ 工具
Alt + 拖动	从 ♥ 工具临时切换至 ♡ 工具
Alt + 拖动	从 ♥ 工具临时切换至 ♡ 工具
Alt + 单击	从 ♥ 工具临时切换至 ♥ 工具
▶⊕ + Alt + 拖动选区	移动复制选区图像
任一选择工具 + ←、→、↑、↓	每次移动选区 1 个像素
Ctrl + ←、→、↑、↓	每次移动图层 1 个像素
Shift + 拖动参考线	将参考线紧贴至标尺刻度
Alt + 拖动参考线	将参考线更改为水平或垂直

4．编辑路径时所使用的快捷键

快 捷 键	功 能
▶ + Shift + 单击	选择多个锚点
▶ + Alt + 单击	选择整个路径
♦ + Alt + Ctrl + 拖动	复制路径
Ctrl + Alt + Shift + T	重复变换复制路径
Ctrl	从任一钢笔工具切换至 ▶
Alt	从 ▶ 切换至 ▶₊
Alt + Ctrl	指针在锚点或方向点上时从 ▶ 切换至 ⌐
任一钢笔工具 + Ctrl + Enter 键	将路径转换为选区

5．菜单命令快捷键

菜单	快 捷 键	功 能
文件菜单	Ctrl + N	打开"新建"对话框，新建一个图像文件
	Ctrl + O 或	打开"打开"对话框，打开一个或多个图像文件
	Ctrl + Alt + Shift + O	打开"打开为"对话框，以指定格式打开图像
	Ctrl + Alt + O	打开 Bridge
	Ctrl + W 或 Alt + F4	关闭当前图像文件

菜单	快 捷 键	功 能
	Ctrl + Alt+W	关闭全部
	Ctrl + Shift +W	关闭并转移到 Bridge
	Ctrl + S	保存当前图像文件
	Ctrl + Shift + O	打开 Bridge 浏览图像
	Ctrl + Shift + S	打开"另存为"对话框保存图像
	Ctrl + Alt + Shift + S	将图像保存为网页
	Ctrl + Shift + P	打开"页面设置"对话框
	Ctrl + P	打开"打印"对话框，预览和设置打印参数
	Ctrl +Alt+Shift+ P	打印复制
	F12	恢复图像到最近保存的状态
	Alt + F4 或 Ctrl + Q	退出 Photoshop 程序
编辑菜单	Ctrl + K	打开"首选项"对话框，设置 Photoshop 的操作环境
	Ctrl + Z	还原和重做上一次的编辑操作
	Ctrl + Shift + Z	还原前一次操作
	Ctrl + Alt + Z	重做后一次操作
	Ctrl + Shift + F	渐隐
	Ctrl + X	剪切图像
	Ctrl + C	复制图像
	Ctrl + Shift + C	合并复制所有图层中的图像内容
	Ctrl + V 或 F4	粘贴图像
	Ctrl + Shift + V	粘贴图像到选择区域
	Delete	清除选取范围内的图像
	Shift + F5	打开"填充"对话框
	Alt + Delete	用前景色填充图像或选取范围
	Ctrl + Delete	用背景色填充图像或选取范围
	Ctrl + T	自由变换图像
	Ctrl + Shift + T	再次变换
图像菜单	Ctrl + L	打开"色阶"对话框调整图像色调
	Ctrl + Shift + L	执行"自动色调"命令
	Ctrl + Alt + Shift + L	执行"自动对比度"命令
	Ctrl + Shift + B	执行"自动颜色"命令
	Ctrl + M	打开"曲线"对话框，调整图像的色彩和色调
	Ctrl + B	打开"色彩平衡"对话框，调整图像的色彩平衡
	Ctrl + U	打开"色相/饱和度"对话框，调整图像的色相、饱和度和亮度
	Ctrl + Shift + U	执行"去色"命令，去除图像的色彩
	Ctrl+Alt+Shift+B	打开"黑白"调整对话框

菜单	快　捷　键	功　　能
	Ctrl + I	执行"反相"命令，将图像颜色反相
	Ctrl+Alt+I	打开"图像大小"对话框
	Ctrl+Alt+C	打开"画布大小"对话框
图层菜单	Ctrl + Shift + N	打开"新建图层"对话框，建立新的图层
	Ctrl + J	将当前图层选取范围内的内容复制到新建的图层，若当前无选区，则复制当前图层
	Ctrl + Shift + J	将当前图层选取范围内的内容剪切到新建的图层
	Ctrl + G	新建图层组
	Ctrl + Shift +G	取消图层编组
	Ctrl+Alt+G	创建/释放剪切蒙版
	Ctrl + Shift +]	将当前图层移动到最顶层
	Ctrl +]	将当前图层上移一层
	Ctrl + [	将当前图层下移一层
	Ctrl + Shift + [	将当前图层移动到最底层
	Ctrl + E	将当前图层与下一图层合并（或合并链接图层）
	Ctrl + Shift + E	合并所有可见图层
选择菜单	Ctrl + A	全选整个图像
	Ctrl + Alt + A	全选所有图层
	Ctrl + D	取消选择
	Ctrl + Alt + R	打开"调整边缘"对话框
	Ctrl + Shift + D	重复上一次范围选取
	Ctrl + Shift + I 或 Shift+F7	反转当前选取范围
	Shift+F6	打开"羽化"对话框，羽化选取范围
视图菜单	Ctrl + Y	校样图像颜色
	Ctrl + Shift + Y	色域警告，在图像窗口中以灰色显示不能印刷的颜色
	Ctrl + +	放大图像显示
	Ctrl +-	缩小图像显示
	Ctrl + 0	满画布显示图像
	Ctrl + Alt + 0 或 Ctrl +1	以实际像素显示图像
	Ctrl + H	显示/隐藏选区蚂蚁线、参考线、路径、网格和切片
	Ctrl + Shift + H	显示/隐藏路径
	Ctrl + R	显示/隐藏标尺
	Ctrl +;	显示/隐藏参考线
	Ctrl +´	显示/隐藏网格
	Ctrl + Alt + ;	锁定参考线

6. 图像窗口查看快捷键

快 捷 键	作 用
双击工具箱🖐工具或按下 Ctrl + 0 键	满画布显示图像
Ctrl + +	放大视图显示
Ctrl + -	缩小视图显示
Ctrl + Alt + 0	实际像素显示
任意工具 + Space 键	切换至抓手工具（🖐），拖拽鼠标可移动图像窗口中的图像
Ctrl + Tab	切换至下一幅图像
Ctrl + Shift + Tab	切换至上一幅图像
Page Down	图像窗口向下滚动一屏
Page Up	图像窗口向上滚动一屏
Shift + Page Down	图像窗口向下滚动 10 像素
Shift + Page Up	图像窗口向上滚动 10 像素
Home	移动图像窗口至左下角
End	移动图像窗口至右下角

7. 图层面板常用快捷键

快 捷 键	作 用
Ctrl + Shift +N	新建图层
Alt + Ctrl + G	创建/释放剪贴蒙板
Ctrl + E	合并图层
Shift + Ctrl + E	合并可见图层
Alt + [或]	选择下一个或上一个图层
Shift + Alt +]	激活底部或顶部图层
设置图层的不透明度	快速输入数字键，例如 5=50%，16=16%

8. 画笔面板常用快捷键

快 捷 键	作 用
Alt + 单击画笔	删除画笔
[ ]	加大或减少画笔尺寸
Shift + [ ]	加大或减少画笔硬度
< >	循环选择画笔

9. 文字编辑快捷键

快 捷 键	作 用
T + Ctrl + Shift + L	将段落左对齐
T + Ctrl + Shift + C	将段落居中

快　捷　键	作　用
T + Ctrl + Shift + R	将段落右对齐
Ctrl + A	选择所有字符
Shift + 单击	选择插入光标至鼠标单击处之间的所有字符
Ctrl + Shift + < >	将所选文字字号减少/增加 2 点
Ctrl + Alt + Shift + < >	将所选文字字号减少/增加 10 点
Alt + ← →	减少/增加当前插入光标位置的字符间距

10．绘图快捷键

快　捷　键	作　用
任一绘图工具 + Alt	临时切换至吸管工具
Shift +	切换至取样工具
+ Alt + 单击	删除取样点
+ Alt + 单击	选择颜色至背景色
Alt + Backspace（Del）键	填充前景色
Ctrl + Backspace（Del）键	填充背景色
/	打开/关闭"保留透明区域"选项，相当于图层面板 按钮
绘画工具 + Shift + 单击	连接点与直线
+ Alt + 拖移光标	抹到历史记录